KB024853

# 생태전환시대 생태시민성 교육

이 저서는 2019년도 교육부와 한국연구재단의 지원을 받아 수행된 연구(NRF-2019H1G1A1071300)임.

# 생태전환시대 생태시민성 교육

이경한 | 김병연 | 조철기 | 최영은 | 김다원 | 이상훈 지음

푸른길

# 차 례

# 머리말

사진가 크리스 조던은 '아름다움 너머'라는 전시회에서 자신의 작품들을 통해 우리에게 지구 환경문제를 아름답지만 강렬하게 전해 주었다. 지금까지 머리로 충분히 인식하고 있던 지구 환경문제를 온전하게 오감으로 경험할 수 있는 기회를 주었다. 그는 현대 과학문명의 시대가 우리에게 주는 편리하고 안락한 삶 이면에는 지구환경에 대한 우리의 폭력이 고스란히 자리잡고 있음을 보여 주었다. 대량 소비로 사용한 후 버린 쓰레기, 농약, 캔, 플라스틱 폐기물, 물병 등이 지구의 바다에 모여서 플라스틱 쓰레기 섬을 만들었다. 태평양 가운데에 사는 거대한 알바트로스는 바다에 떠 있는 쓰레기를 새끼의 먹이로 주고, 끝내 아기 새는 죽고 만다. 알바트로스의 죽음이 머지않아 곧 인류의 생존을 위협할 것임은 분명하다.

지구생태계는 하나의 큰 네트워크이다. 지구를 구성하고 있는 생명체들이 톱니바퀴처럼 맞물려서 살아간다. 인류는 최고 정점에서 지구생태계를 지배하고 있는 것처럼 보이지만 실제로는 지구생태계의 한 부분에 불과한 존재이다. 크리스 조던은 지구생태계를 빠른 속도로 파괴하는 주범이 되고 있는 우리에게 '현대사회의 위기를 드러내기보다 개별적인 삶의 가능성과 특이성을 살리기에 힘쓰는 것, 생태계는 상보적이고 그물망처럼 연결되어 있기에 각각의 삶과 터를 아끼고 존중해야 한다.'고 뼈아픈 지적을 하고 있다. 생태계의 네트워크를 보호하지 않으면, 그 결과는 시간의 지체만 있을 뿐 고스란히 인간의 삶에 영향을 준다. 그리고 궁극적으로 인류의 생존을 위협하고 만다.

지금 우리는 지구생태계의 아픔을 남의 일이나 먼 곳의 문제로 여기지 않고 자신의 일이나 문제로 적극적으로 사고하는 자세를 요청받고 있다. 그 출발은 우리 자신의 일상적인 삶을 조명해 봄으로써 가능하다. 오늘 우리가 사용한 물건이 어디에서 와서, 어디로 가는지를 생각해 보아야 한다. 이를 돕는 사고방식은 자신의 삶을 전 지구적 차원에서 사고하고 지역적으로 실천하는 것이다. 자기 삶 속의 지구 환경문제를 글로벌 차원에서 생각하고 로컬 차원에서 실천하는 것이 지구생태계를 보호하는 지혜의 근본이다.

지구생태계는 다음 세대로부터 잠시 빌려 쓰고 있는 중이다. 다음 세대에게 온전하게 돌려줄 지구생태계를 중심으로 사고하고 행동하는 삶을 살아가기 위해서는 생태시민성을 갖출 필요가 있다. 생태시민성은 지구환경문제를 가져온 구조적인 측면을 인식하고 미래 세대를 위한 지구환경의 보호를 강조한다. 그리고 지구 환경보호를 위한 시민들의 참여와 실천을 강조한다. 생태시민성은 최근 기후환경의 위기와 함께 매우 중요한 시민성으로 인식되고 있다.

생태시민성은 생태감수성을 갖는 데서 출발한다. 생태감수성 교육은 학생들이 지구생태계의 구성원으로서 갖추어야 할 시민적 자질을 갖게 해 준다. 미래의 시민들이 지구생태계의 문제를 자신과 결부시켜 사고하도록 교육하는 것은 중요하다. 그리고 생태시민성의 구체적인 실천방안이 지속가능발전이다. 지속가능발전은 사회문화적 측면, 환경적 측면과 경제적 측면을 고려하면서 지구생태계의 지속성을 지향한다. 우리는 더 늦기 전에 생태시민성으로 무장하여 내일의 삶을 스스로 약속받아야 한다. 우리의 지속 가능한 삶은 그 누구도 보장해 주지 않는다. 우리 모두가 생태감수성을 바탕으로 지구생태계를 보존하여 인류가 지속 가능한 삶을 영위할 수 있도록 함께 길을 나서야 한다.

이 책에서는 생태전환시기에 요청하고 있는 생태시민성을 다루고 있다. 생태시민성과 생태시민성 교육, 생태정의, 지속가능사회, 기후위기, 기후변화 교육, 그리고 숲 문해력을 중심으로 생태시민이 갖추어야 할 역량을 논의하고 있다.

1장은 생태시민성과 생태시민성 교육을 다루고 있다. 생태시민성의 특성을 살펴보고, 생태시민성 교육을 세계화와 소비라는 관점으로 관찰하고 있다. 특히 소비사회에서 비판적 정치학으로서 생태시민성 교육을 살펴보고 있다. 이 글은 김병연(2011, 2013, 2014, 2015)을 수정하고 보완한 것임을 밝혀 둔다.

2장은 생태시민성과 생태정의를 에너지 시민성과 에너지 정의의 관점에서 다루고 있다. 지구의 에너지 시스템과 에너지 전환의 과정, 생태시민성과 에너지 시민성의 연계를 살펴보고 있다. 에너지 시민성을 비판적으로 성찰하고, 프로슈머로의 에너지 시민의 지향점을 논의한다. 그리고 학교교육에서 생태적 역량을 위한 에너지교육, 이의 실천으로서 에너지 시민성 교육을 제시하고 있다. 이 글은 조철기(2022)를 수정하고 보완한 것임을 밝혀 둔다.

3장은 왜 지속가능사회는 시민을 필요로 하는가를 다루고 있다. 지속가능발전교육의 역사적 배경과 기대하는 시민상을 살펴본 후, 지속가능발전교육을 통한 시민교육의 지향점을 살펴본다. 여기서는 기대하는 시민 역량과 그 교육내용을 다루면서, 시민을 위한 지속가능발전교육의 과제를 제시하고 있다.

4장은 기후위기의 실태와 전망을 다루고 있다. 기후위기의 심각성을 파리협약을 통하여 제시한다. 기후변화의 가장 큰 문제는 인위적인 인간 활동의 결과임을 언급하면서 기온의 극한성, 계절의 변화, 아열대 기후화, 열섬 현상에 대한 설명으로 기후위기의 심각성을 보여 주고 있다.

5장은 기후변화 대응교육과 지리교육을 다루고 있다. 기후변화 문제에 대응할 수 있는 기후교육의 필요성을 제시한다. 기후변화의 대응하기 위한 한국, 캐나다, 오스트레일리아의 기후교육 내용을 분석하여 보여 주고 있으며 나아가 향후 기후변화교육의 지향점과 우리의 과제를 논의한다.

6장은 생태감수성과 숲 문해력을 마을 숲을 중심으로 다루고 있다. 생태감수성을 기르기 위한 숲 문해력을 숲의 정의, 숲의 중요성, 숲의 보존

방법과 숲에 대한 책무성을 중심으로 논의한다. 또한 숲 문해력을 마을 숲의 정의, 생태적 기능을 토대로 제안하고 있으며, 마을 숲과 우리의 지속 가능한 삶을 연계하여 방향성을 제시한다.

이 책은 교육부와 한국연구재단의 지원을 받아 예비교사의 시민교육 역량을 강화하기 위한 전주교육대학교 시민교육역량강화사업단의 사업 일환으로 출판되었다. 이 책이 세계시민으로서 생태시민성 역량을 강화하는 데 도움이 되길 바란다. 그리고 본서를 편집하고 제작해 준 푸른길 출판사 관계자들께 감사드린다.

2022년 4월

저자를 대표하여

이경한

1장

# 생태시민성과 생태시민성 교육

김병연
대구 다사고등학교 교사

# I. 들어가며

오늘날 세계 속에서 유발되고 있는 사회·생태적 문제의 다양한 원인 가운데 가장 근본적인 것은 소비 자본주의가 몰고 오는 소비자로서의 의사결정에 대한 끊임없는 요구와 이에 대한 소비자로서의 무의식적인 선택이라고 볼 수 있을 것이다. Bataille 저서 《저주의 몫》 서문에서 장피엘은 인간이 모든 생물 중에서 '가장 강렬하게 사치스럽게 과잉 에너지를 소비하는' 존재이고 순전한 소비의 능력을 지닌 존재로 언급하고 있다. 또한 그는 인간에게서 세상의 에너지 사용의 일상적 리듬인 '엄격한 축적과 헤픈 낭비'가 교차하는 현상을 쉽게 발견할 수 있음을 지적하고 있다. 바타유는 젊은이는 자신을 무조건적으로 낭비하고 파괴하면서도 자신을 미쳤다고 생각하거나 또는 자신이 왜 그런지 이유를 모른다고 주장한다(조한경 역, 2000). 이러한 인간의 소비 능력과 무의식적 소비 방식은 21세기를 살아가고 있는 학생들의 일상적 소비 현실 속에서 여전히 잘 드러나고 있다.

학생들의 일상생활 속에서 이루어지는 의식적, 무의식적인 선택들은 소비 자본주의가 몰고 오는 무차별적인 호명에 의한 잠재적인 것들이고 이러한 선택의 행위가 환경 남용을 조건으로 한 자본주의를 지속적으로 유지시키는 행위임을 의식하지 못하고 살아가고 있다. 학생들은 자신들의 일상 속에서 소비되어지는 많은 상품들, 특히 음식, 옷, 신발, 휴대폰, 축구공 등이 얼마만큼 사회·생태적 위해를 유발시키면서 생산되는지에 대해서는 관심이 희박하거나 전혀 인식조차 하지 못한다. 그래서 공간적으로 멀리 떨어진 생산 장소, 그 지역에서 살아가는 인간들과 자연환경에 대한 인식의 부재로 인해 현재 자신이 살아가는 곳에서의 상품 소비 행위의 실천이 상품이 생산되는 장소의 사회·생태적 환경에 어떠한 결과를 일으킬 것인지에 대한 인식의 부재로 도덕적 무책임성이 지속적으로 발생되고 있다.

학생의 일상적 소비 세계에 토대를 둔 환경교육 연구에 있어서 연구자들은 학생이 살아가는 존재 조건으로서의 일상적 소비 세계가 객관적으로 순수하게 주어져 있는 것이 아니라 소비 자본주의에 의해 유포된 소비 이데올로기를 통해 왜곡되어 왔으며 학생이 실재(real)라고 여기는 일상성들이 기획되고 재현된 세계임을 간과해 왔다. 마술처럼 꾸며져 왜곡된 일상 공간에 기반한 경험을 통하여 구성되는 학생의 자아는 소비사회의 소비 주체로서 자기 스스로가 구성하는 정체성을 가지는 것이 아니라 자본의 욕망에 의해 작동하는 소비 이데올로기에 의해 구성지어진다. 즉 소비 이데올로기는 소비사회를 살아가는 학생의 구성적 외부로서 존재하는 것이다. 그래서 학생은 주체 안(in)이 아니라 바깥(out)에 의해 기획되어 주어지는 정체성으로 자아를 구성하게 된다. 그러면 자아를 소비 이데올로기적 망에서 탈영토화시킬 수 있는 방법은 있는가?

이러한 상황 속에서 학교교육은 세계 속에서 학생들이 자기 자신에 대한 이해와 자신 이외의 인간들, 비인간들과의 관계를 어떻게 이해할 것인지, 어떻게 관계해야 하는지를 가르쳐 주는 것이 되어야 할 것이다. 왜 학생들이 공간적으로 멀리 떨어져 있는 타자들(인간 및 비인간)이 놓여 있는 열악한 상황에 관심을 가지고 배려와 책임감을 가져야 되는지에 대한 윤리적이고 정치적인 이유를 더 잘 이해할 수 있도록 해 주어야 할 것이다. 윤리적 배려와 책임은 인간과 인간의 관계, 인간과 비인간과의 관계에서 사회적 거리를 축소해 가시화시키는 도덕적 능력이다. 그래서 학교교육은 학생들이 자신들의 일상적 삶 속에서 윤리적 행위를 관계적 사고에 기반하여 실천할 수 있도록 학생들을 변화시킬 책임을 가져야 할 것이다. 또한 소비자로서 학생 개개인들이 눈에 보이지 않는 다양한 인간 및 비인간과의 연계감을 가지고 이들이 처한 사회·생태적 환경에 대한 더 많은 책임과 의무, 배려를 제공할 수 있는 인식적, 실천적 능력을 가질 수 있도록 도움을 제공해야 할 것이다.

본 글에서는 학생들에게 이러한 도움을 제공할 수 있는 가능성을 생태시민성 교육을 통하여 탐색하고자 한다. 생태시민성 교육은 학생들이 다양한 사회·생태적 문제와 관련하여 시·공간적인 책임을 인식하고 윤리적 배려나 의무감을 형성하는 과정에 이론적, 실천적 토대를 제공해 줄 수 있고 경제적 성장, 사회적·환경적 정의, 기후 위기와 같은 지구적 환경문제 사이에 존재하는 복잡한 관계를 학생들에게 이해시키기 위한 하나의 규범적 틀이 될 수 있다. 이러한 측면에서 생태시민성 교육은 학생들이 자신의 행위를 통하여 유발될 수 있는 사회·생태적 문제에 대하여 책임을 인식하고, 다양한 공간과 장소에서 살아가는 인간 및 비인간들을 배려할 수 있는 가능성을 마련할 수 있는 교육적 출발점이 될 것이라고 생각한다. 소비의 세계 속에서 생태시민성 교육의 유용성은 "학생들로 하여금 일상적 소비 행위와 관련된 복잡한 사회, 생태적 이슈들 내에 학생 자신들의 삶을 위치시켜 사고해 보도록"(Cook et al., 2007) 할 수 있다는 점에 있다.

이를 통해 기대할 수 있는 것은 좀 더 정치적, 도덕적으로 신중한 방식으로 교육하고 학생들이 자신의 일상 세계를 윤리적으로 구성해 가는 데 기여할 수 있다는 점이다. 더 나아가 인간–비인간이 구성하는 '공동의 세계'(Latour, 2004)를 복원하는 대안적 삶의 방식들을 추구하면서 인간이 가지는 '반생태성'을 '생태성'으로 전환시킬 수 있으며 자신들 주변에서 발생하는 모든 사건들을 '생태성'이라는 시각으로 바라볼 수 있는 안목을 함양시킬 수 있을 것이다.

## II. 생태시민성

환경과 시민성의 관계에 대한 고찰은 다양한 용어를 사용하여 이루어져 왔다. 지구행성 시민, 녹색 시민, 지속 가능한 시민 또는 지속 가능성 시민, 환경시민성, 생태시민성과 같은 용어는 명확히 구분되지 않고 공통적 의미를 가지고 사용되어 왔다(Barry, 1999; Bullen, Whitehead, 2005; Christoff, 1996; Eckersley, 2004; Mason 2014; Dobson, Sáiz, 2005; Van Steenbergen, 1994; Smith, 1998; Steward, 1991). 또한 이러한 개념들은 종종 같은 의미로 사용되며 그 구분이 잘 확립되어 있지 않다(Gabrielson,

2008; Scoville, 2016). 2000년대 초반 이후부터 생태시민성과 환경시민성에 대한 연구물이 폭발적으로 증가해 왔다(Dobson, 2003; Dobson, Bell, 2006; Hayward, 2006; Gabrielson, 2008; Jagers, 2009; Latta, 2007; Mac-Greggor, 2004; Martinsson, Lundqvist, 2010; Smith, 2005: Valencia, 2005; Wolf et al, 2009). 여기에서는 생태 시민이라는 용어를 환경적, 지속 가능한, 녹색 시민을 포괄하는 것으로 사용하고자 한다.

환경과 시민성의 관계를 둘러싼 수많은 담론은 자유주의와 공화주의 두 전통에 기반한 시민성 담론과 유사한 측면을 가지고 있다. 자유주의 시민성은 개인의 일상생활 속에서의 친환경적 태도나 선택을 강조한다. 예를 들어 재활용, 비윤리적 상품에 대한 보이콧, 대중교통 이용하기, 물이나 전기 절약하기 등과 같은 행동을 통해 환경문제를 관리하는데 관심을 두고 있다. 이러한 시민들의 개인적 의무와 책임에 대한 강조는 폭넓은 민주적인 집단적 또는 사회적 행동보다는 개인의 녹색 실천이나 태도를 함양하는데 초점을 두는 것이라고 할 수 있다. 이러한 개인의 소비 패턴에 관심을 두는 자유주의적 입장은 학교교실에서 이루어지는 환경(녹색) 시민 교육에 있어 가장 일반적인 풍경이라고 할 수 있다.

공화주의적 시민성은 덕, 책임, 지역사회의 문제에 대해 관심을 둔다. 이 전통의 환경 시민 교육은 개인의 행동만으로 환경 문제를 다루는 데는 적절하지 않고 환경 계획과 의사결정에 있어 시민으로서 정치적 참여가 핵심이라고 보고 있다. 따라서 공화주의적 시민성의 가장 큰 특징은 자유주의 시민성 전통에서 추구하는 과도한 개인적 이익의 억제 시도를 통해 환경적 지속가능성이라는 '공동선(common good)'을 추구하는 것이다. 이와 관련하여 Sagoff(1988)는 다음과 같이 언급하고 있다. "시민으로서 나는 자신의 개인적 이익보다 공공이익, 즉 내 가족의 안녕보다도 지역사회의 선에 관심이 있다." 즉 Sagoff는 소비자보다는 오히려 시민으로서 행위할 경우 지속가능성이 달성될 수 있다는 점을 논하고 있다.

환경과 시민성의 관계를 둘러싼 많은 담론에서 자유주의 전통의 시민성은 개인의 환경권, 즉 깨끗한 공기, 물 등의 권리를 강조한다. 한 걸음 더 나아가 환경자유주의는 인간이 아닌 자연에 대한 권리를 부여하는 주장을 펼친다. 한편, 이러한 본질적인 권리를 유지하기 위한 국가 또는 정치 시스템을 강조하는 공화주의 전통의 시민성은 환경 보호가 공동선의 일부임을 강조하면서 공동선을 위해 나아가야 할 의무를 강조한다. 따라서 시민들은 세 가지 측면에서 책임이 요구되고 있다. 시민의 정체성과 참여를 저해하는 모든 것에 맞서 저항하고, 환경 상태에 영향을 미치는 개인 및 집단행동을 염두에 두고, 개인의 이익보다 공동의 이익을 증진하는 결정을 내려야 한다.

Dobson(2003)은 시민성 논의와 관련하여 학문 영역과 정치 영역에서 공통적인 지배 담론은 자유주의와 공화주의로 언급되는 두 가지 유형의 시민성이라는 점을 언급하면서, 세계화라는 구조적 측면이 시민성의 공간적 틀에 대한 재사유를 촉발시키고 있고, 페미니즘이라는 이데올로기적 측면에서의 영향은 시민의 덕목과 시민-국가의 관계, 시민-시민의 관계, 시민의 책임과 의무의 원천과 본질에 대하여 재검토를 요구하고 있다라고 주장하고 있다. 즉 시민성 담론을 둘러싼 세계화와 페미니즘은 담론적으로든 정치적으로든 자유주의나 공화주의 입장에서는 포함될 수 없는 새로운 형태의 시민성, 즉 생태시민성을 요청하고 있다.

생태시민성이 요구되는 명백한 준거점은 첫째 공간과 장소들이 독립적이지 않고 상호 의존적이며 연계되어 있는 세계 속에 학생들이 살아가고 있다는 사실, 둘째 인간만이 사회를 구성하는 것이 아니라 비인간들도 사회를 구성하는 존재들이라는 점에서 이들과의 관계를 재규정하여 상호 얽힘의 관계 속에서 공존하고 있다는 점이다. 셋째 이러한 인간–비인간의 분리불가능한 상호 구성적 관계성 속에서 자신을 둘러싼 세계에서 일어나는 사건들 특히 생태 및 환경 문제에 관해 좀 더 생태적 의식과 정의의 관점에서 책임, 배려를 실천하고 이러한 자질을 체화한 시민으로서의 자질을 요구하고 있다는 점이다(김병연, 2022).

여기서는 주로 Dobson(2003)의 생태시민성 논의의 세 가지 차원 즉, 생태시민성의 공간적 특징으로서 '비영역성', 생태시민의 공간 속에서 중요하게 요구되는 덕성으로서 '관계성에 기반한 책임과 의무', 시민의 정치적 활동 영역으로서 공적 영역뿐만 아니라 '사적 영역'의 포섭을 중심으로 논의해 보고자 한다.

Dobson은 생태시민성의 중요한 차원 중 하나로서 먼저 비영역성(non–territoriality)을 제시하고 있다. 이는 지구적 성격을 가지는 환경 문제와 생태시민성을 연계시키는 중요한 특징이고 상호 연계성과 상호 의존성에 기반하고 있다. 현대 세계에서 점점 강화되고 있는 지구적 연계는 시민성 형태의 변화를 수반할 수밖에 없는 상황적 조건을 생산하게 된다. 다시 말해 장소가 다른 장소들과의 역동적인 관계를 통해 구성되는 방식은 배타적이고 지역적 폐쇄성에 기반하고 있는 시민성 형태에 변화를 요구하고 있다. 따라서 환경 문제는 다양한 스케일들 간의 관계 속에서 다루어질 필요성이 있다. 본질적으로 환경 문제의 해결에 상응하여 시민들이 가지는 책임의 성격은 환경적 위기를 더욱 심화시키는 다양한 스케일들 간의 상호 관계성으로 인해서 글로벌하게 구성될 수밖에 없다(van Steenbergen, 1994; Christoff, 1996; Jelin, 2000). Dobson(2003)에 따르면, 자유주의적 그리고 공화주의적 시민성에 있어 공통적 특성인 연속적인 영역 메타포는 지구적 환경 문제를 다루는데 있어 한계를 가질 수 밖에 없다. 위험 환경 시대에서 시민성의 공간은 연속적인 영역과 관련해서는 이해될 수 없고 구체적인 국민 국가의 경계를 넘어 새로운 공간 속에서 구성되어야 한다.

Dobson(2003)은 생태 시민의 공간이 국민국가나 EU와 같은 초국적인 정치적 구성체에 의해 주어지는 것이 아니라 환경과 인간 개개인들 간의 대사적(metabolic)이거나 물질적 관계에 의해 생산되는 것이라고 주장한다. 따라서 시민성의 공간은 개개인들의 생태적 발자국이 되는 것이다. 그래서 생태시민성의 공간은 전통적인 시민성처럼 특정한 국가의 경계 내에 머무는 것이 아니라 시민들 개개인의 행위가 다른 사람들에게 어느 정도로 부정적인 영향을 미치는가에 의해서 규정되는 책임의 공간이 되는 것이다(Jager, 2009). 이에 따라 생태 시민들의 의무는 생태 발자국의 크기를 감소시키는 것이다.

다음으로 Dobson은 생태시민성이 권리보다는 책임과 의무를 강조하고 생태 시민에게 요구되는 책임과 의무는 비호혜적이고 불균형적이며 시·공간적 및 물질적 관계성에 기반해 있다고 주장한다. 그는 생태 시민을 지구 시민으로서 인식해야 한다고 주장하면서 생태시민을 지구적 수준에서 사고하고 행위 할 뿐만 아니라 자신들의 행위가 유발시키는 전 지구적인 사회-생태적 영향을 인식하는 자라고 설명하고 있다. 여기에서 명백하고 중요한 문제가 두 가지 제기된다. 첫째, 생태 시민은 누구에게 그리고 어떠한 책임과 의무를 지고 있는가, 둘째, 생태 시민은 왜 이러한 의무와 책임을 수용하고 받아들여야 하는가이다.

환경에 대한 개인의 책임은 우리가 정치 공동체를 어떻게 규정하는지, 이 정치 공동체는 누구를 포함하고 배제시키는지, 우리가 책임져야 할 대상을 어떻게 규정지을지와 관련되어 있다. 이에 대해 Dobson(2003)은 역사적으로 축적된 관계 속에서 '두꺼운 공동체(thick community)'라는 개념을 제시하고 있다. Judith Lichtenberg는 의무를 도덕적 의무와 역사적 의무로 구분하고 있고, Dobson의 두꺼운 공동체 개념은 역사적 의무 위에 토대하고 있다(Dobson, 2003). Dobson의 두꺼운 공동체 개념은 Linklater(2005)의 얇은 공동체와 비교하여 생각해볼 수 있는데 얇은 공동체는 계약에 기반한 관계가 아니라 보편적인 인류애에 기반한 도덕적 의무감을 강조하는 것으로서 선한 사마리아인과 같은 자발적인 도덕적 의무를 강조한다. 두꺼운 공동체는 시간적 관계성에 기반한 역사적 의무를 강조한다.

그래서 시민 개개인이 가져야 하는 공간적이면서 시간적(역사적) 책임감, 의무감이 생태 발자국을 통하여 드러나게 된다. 생태 시민이 가지는 의무와 책임의 목적은 생태 발자국의 크기를 줄이는 것이며 생태 발자국이 지속 가능하도록 만드는 것이다. 그래서 바로 이 점에서 생태시민성의 가장 중요한 덕성으로 '정의'가 논의될 수 있다. 그러나 시민성의 의무는 시민적 덕성 그 자체 때문에 발생되는 것이 아니라 관계성에 기반하여 발생되기 때문에 시민적 덕성의 원천은 관계성이 된다.

보편적이며 지구적인 환경 문제들은 전통적인 시민성의 '계약'에 기반한 시민들의 권리나 권한, 의무 시스템 속에서는 해결할 수 없는 것들이다. 생태적 공간의 비-영역성이라는 속성 가운데서 시민들은 계약이 아닌 다른 방식의 기반 위에서 실천이 요구되고 있다. 이에 대한 대안은 자발적이면서 역사적인 성격을 가지는 책임과 의무라고 할 수 있다. 전 지구적 환경 문제를 해결하기 위해서는 시민으로서의 능동적 실천이 보편적 인류애에 기반한 도덕적 책임과 의무를 가져야 한다. 그리고 여기에서 더 나아가 '관계성'에 기반한 공간적이면서도 동시에 시간적인(역사적인) 책임과 의무를 내재화 시켜야 그 가능성을 담보할 수 있다. 그리고 관계성에 기반한 시·공간적 책임과 의무는 인간과 비인간 생물 종, 현 세대와 아직 태어나지 않은 미래 세대를 넘어 확장될 수 있다.

마지막으로 생태시민성은 공적 영역뿐만 아니라 사적 영역에서 발생되는 환경 문제를 중요하게 고려하고 있다. 그래서 사적 영역에서 생태적 덕성은 중요한 자질로서 요구되고 있다. 여기서 사적 영역이란 시민들이 삶이 생산되거나 재생산되는 물리적 공간(아파트, 오피스텔, 일반 주택 등)이거나 보통 '사적'인 것으로 간주되는 관계의 영역(가족이나 친구와의 관계)으로 해석될 수 있다. 사적 영역은 생태 시민들의 중요한 활동 장소이다. 왜냐하면 개개인들의 관계와 행위는 공적 영역에 영향을 미치기 때문이다. 이러한 상황은 생태 시민의 의무를 유발시키는 조건이 된다. 자신이 가지는 라이프 스타일이 다른 사람들에게 부정적인 영향을 미친다면 그들이 어디에 살고 있든 언제 살고 있든지에 상관없이 자신의 라이프 스타일을 변화시켜야 하는 도덕적 의무와 책임을 가지게 되는 것이다. 이는 행위의 동기적 가치에서의 초점 변화를 나타내는 것이다. 즉 생태 시민의 실천 행위는 계약에 기반한 외부적 동기가 아니라 생태적 덕성에 기반한 내부적 동기에 의해 이루어지는 것을 말한다.

생태 시민의 사적 영역에서의 행위는 의무를 발생시키는 조건이 되고 생태 시민의 의무에 부응하는 필수적인 덕성은 일반적으로 사적인 것으로 알려진 관계들의 형태 속에서 실제적으로 나타난다. Barry(2002)는 생태적 책무성과 관련한 논의의 핵심은 사적 영역이 비정치적인 장에서 정치적인 장으로 이동해 왔다는 것이라고 언급하고 있다. 책임 있는 시민성의 녹색 형태인 생태시민성 내에서 구체화되는 시민적 덕성은 반드시 관습적으로 이해되어 온 것처럼 정치적인 공적 영역에만 한정되지 않는다. 그래서 생태 시민이 가지는 사회 정의, 배려, 동정과 같은 덕성은 인간 삶의 공적인 영역보다는 사적인 영역과 더 깊은 관련성을 가지게 된다.

Barry(1999)는 생태 시민의 의무가 공적인 정치 영역을 넘어서는 것으로 고려되어야 한다고 주장하면서 사적 영역에서 이루어지는 쓰레기 재활용이나 환경적으로 책임 있는 소비와 같은 행위들은 생태 시민의 행위라고 언급하고 있다. Dobson, Bell(2006)은 생태 시민이 경제적 보상이나 법률적인 제제, 처벌 등의 요인에 의해 생태적 가치를 추구하지는 않는다고 주장한다. 그들은 단지 행하는 일 그 자체가 옳은 것이어서 실천하는 사람들이기 때문에 공적 영역뿐만 아니라 사적 영역의 일상생활에서 생태적 지속가능성에 대한 헌신이 내재화된 자들이다. 친환경적 행위들이 외부적 유인이라기보다는 본질적인 도덕적 동기에 의해 근거할 때 그 실천들은 생태 시민의 행위로서 간주될 수 있을 것이다.

본질적인 도덕적 동기는 내면화된 시민적 덕성으로부터 나온다. 그러면 생태 시민의 덕성이라는 것은 무엇인가? 자유주의적 시민성은 가치중립적인 덕성을, 공화주의적 시민성은 용기, 힘, 복종, 남성적 의무 등과 같은 덕성을 강조한다. 하지만 생태시민성은 개인들 간의 비계약적인 관계 속에서 나오는 사회 정의, 책임, 배려나 동정 등의 덕성을 강조한다. 이러한 덕성들은 생태 시민이 자발적으로 사적인 일상생활 속에서 책임과 의무를 질 수 있게 만드는 추동력이다. 예를 들어 생태 시민은 일상생활 속에서 자동차를 운전하는 것이 지구 온난화를 유발시키고 지구 온난화가 부유한 국가의 시민들보다는 가난한 국가의 시민들에게 더 많은 환경적 영향을 미친다는 사실을 아는 자이다. 또한 자동차 운전을 많이 하면 할수록 더욱 큰 생태 발자국을 남긴다는 것을 알고 있기 때문에 자발적 노력에 의해 자동차 운전을 자제하는 자들이라고 할 수 있다.

결론적으로 생태시민성은 비-영역적인 속성을 가지는 시민성의 공간 속에서 발생되는 책임과 의무를 실천하는 자질이고, 이러한 책임과 의무는 계약에 기반한 것이 아니라 관계성에 기반한 공간적이면서도 역사적인 책무성이다. 또한 공적인 영역뿐만 아니라 사적인 영역도 정의와 배려, 동정과 같은 시민적 덕성이 요구되는 시민의 활동 영역으로 규정하는 새로운 형태의 시민성이다. 생태 시민은 자신이 살아가는 여기에서의 행위가 유발하는 다양한 사회·생태적 결과를 성찰할 수 있고 더 나아가 이러한 결과들에 대하여 자발적인 책임을 수용하고 눈에 보이지 않는 세계에서 살아가는 타자(인간 및 비인간)에 대하여 배려와 책임, 정의와 같은 윤리적 가치가 내면화되어 일상적인 행위로 드러낼 수 있는 행위 주체성을 가진 인간이라고 할 수 있다.

## III. 세계화, 소비 그리고 생태시민성 교육

### 1. 소비의 세계화와 윤리

오늘날 소비되는 상품들은 생산, 유통, 소비, 처리에 이르기까지 다차원적 과정을 거치고, 세계화로 인하여 다양한 스케일의 지리적 삶을 가진다. 조명래(2001)는 세계의 다양한 장소에서 생산된 상품들이 먼 거리를 이동해 세계 여러 나라에 거주하고 있는 사람들에게 넘어가는 흐름에 대한 현상을 '소비의 세계화'라고 언급하고 있다. 소비의 세계화는 음식을 사례로 한 아래의 설명에서 잘 드러나고 있다.

"이전의 음식 소비자는 그가 사는 곳에서 반경 몇 km 떨어진 곳에서 생산된 식자재로 조리된 음식을 먹었다. 음식 소비자들은 생산자와 생산과정을 알고 있는 비교적 신선한 먹을거리를 먹었다. 하지만 지금은 음식 소비자들이 먹는 음식의 재료 대부분이 수천~수만 km 떨어진 곳에서 생산되어 이동되어 온 것이다. 오늘날 미국의 경우, 생산지에서 식탁까지 먹을거리의 평균 이동 거리는 2,500km나 된다. 우리가 오늘날 먹는 홍어의 대부분은 20,000km 이상 날아온 칠레산이다."(김종덕 외 역, 2006)

"미국의 보통 가정의 저녁 식탁에 오르는 식품은 평균 2,000마일 정도의 푸드 마일을 가지고 있다고 한다. 이러한 사실은 미국에만 국한되는 것은 아니다. 독일의 한 최근 연구는 요구르트 한 개에 들어간 재료가 4개의 나라에서 온 것으로 수송 거리가 1,000km에 달한다고 보고하고 있다. 산업화된 국가에서 살아가는 사람들은 생활필수품 중에서 가장 중요한 먹을거리를 자신들의 지역경제가 아니라 갈수록 국제화되고 지리적으로 방대한 경제에 의존하고 있다."(조명래, 2001)

학생들을 둘러싸고 있는 수많은 상품들은 글로벌 상품 생산 체제가 지구상의 수많은 공간과 장소를 이용하여 만들어 낸 결과물들이다. 그들이 소비하는 음식, 옷, 가방, 전자기기 등은 다양한 장소에서 만들어져 긴 거리를 이동해 와 그들에게 온 것이다. 결국 학생들은 상품 소비를 통하여 자신이 의도하든 의도하지 않든 글로벌 상품 체제를 형성, 유지, 확장시키고 그 네트워크를 구성하게 된다. 이로 인하여 학생들은 상품의 생산-유통-소비-처리와 관련하여 나타나는 다양한 사회·생태적 문제에 대해 직·간접적으로 관계된다. 이와 관련하여 Huckle(1998)도 우리가 일상적으로 소비하는 옥수수 통조림, 감자 칩, 전자 제품과 같은 상품들이 가지는 상품 사슬을 연구해 볼 필요성을 제기하면서 일상적 상품들의 지리적 삶 속에서 존재하고 있는 아마존 열대우림의 파괴와 전자 쓰레기와 같은 환경문제의 흔적들이 학생들의 의사결정과 행위의 결과와 무관하지 않고 직·간접적으로 관련성을 가지고 있음을 설명하고 있다.

하지만 학생들은 자신들의 일상생활 속에서 소비되는 많은 상품들에 대해 상품의 소비 공간 및 상품 그 자체에만 관심을 가지며, 상품이 어떠한 생산 공간에서 어떤 과정을 거쳐 어떻게 지금 여기에 있는 나에게까지 오게 되었는지, 나아가 여기에서의 소비 행위의 결과가 거기에 어떠한 사회·생태적 결과를 초래하는지에 대해서도 무관심하고 무지하다. 즉 학생들은 소비의 세계화가 자신의 일상 속에 이미 깊숙이 들어와 있다기보다는 저기 먼 곳에서 일어나고 있는 현상으로 바라보고, 자신이 살아가는 세계가 나 자신 이외의 인간, 비인간과의 총체적 관계망으로 이루어져 있다는 현실을 인식하지 못한다. 결국 인간과 인간, 인간과 비인간 간의 상호 관계성이 상품들 간의 관계로 전환됨으로써 상품이 가지는 지리적 삶은 파편화되고 불투명해지며 그 상품의 지리적 삶과 학생들의 존재는 분리되어 버린다. 그래서 학생들은 그 상품 뒤에 가려져 있는 현실인 불평등, 부정의, 환경문제 등과 관련된 문제를 보지 못하게 된다.

이러한 상황은 상품들이 가지는 생산-유통-소비-처리 네트워크가 세계화로 인해 과거 전통 시대의 생산-유통-소비-처리 네트워크와는 규모적으로 다른 성격을 가지게 되었기 때문에 유발된다고 할 수 있다. 여기에서 규모 변화라 함은, 전통 시대의 상품 네트워크가 국지적인 장소에 기반하여 작동되었던 것에 비해 오늘날의 상품 네트워크는 특정한 국가나 지역 차원이 아니라 다양한 국가, 세계 체제 수준에서 구성되고 있음을 일컫는다. 상품 네트워크가 탈국지화, 즉 국제적(글로벌)이라는 의미이다.

이로 인하여 국지적 네트워크를 가지는 상품을 생산 및 소비하는 전통 시대의 인간들보다 글로벌 네트워크를 가지는 상품을 생산 및 소비하는 오늘날의 인간들이 먼 거리에서 있는 인간, 비인간에 대한 배려 및 책임이 유발되기는 힘들다고 할 수 있을 것이다. 왜냐하면 글로벌 네트워크를 가지는 상품의 'Made in ...'이라는 라벨과 원재료에 대한 정보는 학생들에게 학생 자신과 상품이 생산되는 장소, 노동자들과의 관계성에 대해 많은 것을 이야기해 줄 수 없기 때문이다(Cook et al., 2007). 다시 말해, 소비 공간 내에서 판매되고 있는 다양한 상품들의 원산지 표시는 여기에 있는 내가 저기에 있는 그들의 삶과 어떻게 연계되어 있는지를 말해 주지 않고 여기의 소비 공간/장소와 저기의 생산 공간/장소가 어떻게 연계되어 있는지도 말해 주지 못한다. 또한 그 상품이 어떤 장소에서 어떤 과정을 거쳐 생산되고 유통되어 지금 내가 소비할 수 있게 되었는지에 대해서도 말해 주지 않는다(김병연, 2011). 이러한 논의와 동일 선상에서 Sack(1992)도 소비의 세계는 굉장히 중요한 지리적 연계성을 숨기거나 거짓되게 꾸며 내고 있으며, 상품의 소비 행위가 생산 과정의 순환이나 생산 장소와는 어떠한 관계도 없다는 생각을 지속적으로 만들어 내고 있다고 주장한다. 또한 소비의 세계는 대량 소비라는 전면의 단계(front stage)만 포함하고 원료의 추출, 생산, 유통, 쓰레기, 환경 오염과 같은 과정들은 숨겨진 이면의 단계(back stage)에 두고 있다고 주장한다.

이처럼 상품 네트워크의 탈국지화로 인해 생산자와 소비자의 거리가 확대되고 이로 인해 그 관계는 단절되어 눈에 보이지 않는 타자에 대한 윤리적 무관심이 유발된다. 소비의 세계는 끊임없이 미화되고 있고, 학생들로부터 멀리 떨어져 있어 보이지 않는 소비 이전과 이후의 세계 속의 사회·생태적 문제에 대한 책임과 배려의 윤리는 학생들의 일상 속에서 사라지고 있다. 결국 학생들은 사회·생태적 문제를 관계적으로 인식하지 못하면서 자신의 행위에 대한 윤리적 성찰을 하지 못하는 상황에 놓여 있다.

이러한 상황 속에서 생태시민성 교육의 역할은 세계 속에서 학생들이 자기 자신에 대한 이해와 자신 이외의 인간, 비인간들과의 관계를 어떻게 이해할 것인지, 어떻게 관계해야 하는지를 가르쳐 주는 것이 되어야 할 것이다. 그래서 다음 장에서는 타자에 대한 윤리적 책임과 배려를 어떻게 원거리를 극복하고 확대시킬 수 있을지와 관련하여 공정무역을 사례로 살펴보고자 한다.

## 2. 공정무역: 윤리를 소비하기

윤리적 소비는 한국 내에서 NGO에 의한 사회적, 환경적 정의 운동에 있어 중요한 관심이 되고 있을 뿐만 아니라 글로벌 시민, 윤리적 시민의 자질 함양과 관련한 논의 속에서 흔히 책임, 정의, 배려와 같은 도덕적 가치를 실천하고 내면화하기 위한 바람직한 교육적 내용으로 이용되고 있다. 그래서 상품의 윤리적 소비는 개인적 차원이든, 집단적 차원이든 눈에 보이지 않는 타자들, 즉 가까운 곳에 거주하고 있는 사람들이거나 먼 곳에 거주하고 있는 사람들에 대한 책임과 배려를 제공할 수 있는 교육적 방법이나 전략으로서 받아들여지고 있다.

특히 공정무역은 구체적인 상품 소비 선택을 통해 소비자들이 생태적 이슈나 사회적 부정의와 관련된 이슈들을 해결하는 데 기여하도록 관련시키는 현대의 수많은 윤리적 소비 기획 중의 하나라고 할 수 있다. 포드주의식 생산 체계를 기반으로 한 신자유주의의 이념을 구현하고 있는 글로벌 푸드 네트워크는 전 지구적으로 생태계 파괴, 노동 착취, 부당한 가격, 생산자들의 경제적 기반 파괴와 같은 다양한 사회·생태적 문제들을 유발시키고 있다. 이에 대하여 공정무역 운동은 생산자와 소비자 간의 직거래, 공정한 가격, 생산자들의 경제적 독립에 기반한 제3세계 지역의 빈곤 감소를 지향하고 공정하고 건전한 노동, 생태계 유지와 같은 생태적 지속가능성의 유지를 전제로 하여 이루어지는 무역 체계이다. 공정무역은 지역 생산자, 지구적 무역 네트워크에서 지역 판매점과 구매자에 이르기까지 공정성, 정의와 같은 개념을 통해 세계의 다양한 공간과 장소와 그 속에서 살아가는 수많은 인간들, 그들의 삶을 연결하고 있다. 그래서 공정무역이란 원거리에 존재하는 다양한 인간과 비인간, 세계의 다양한 공간적 규모의 장소들과의 관계성을 가지고 있다.

세계 자유무역이 유발시키는 많은 문제점에 대하여 공정무역은 "최저 가격의 보장, 선불 실시, 공정무역 장려금 지급, 유기 재배품에 대한 장려금 지급, 장기 안정 계약" 등을 조건으로 하는 무역이다(천규석, 2010). 공정무역은 공정무역재단이 공정하게 거래된 것으로 인정하는 재료나 원료를 포함한 상품만이 상품 포장이나 판촉 시 공정무역 마크를 부착할 수 있도록 하는 라벨링 이니셔티브를 활용하고 있다. 이러한 공정무역의 라벨링 이니셔티브는 상품을 구매하는 소비자들로 하여금 자신들의 소비 행위가 원거리를 배려할 수 있는 방식이라는 것을 보여 주는 기호 전략이라고 할 수 있다.

소비 자본주의는 생산자와 소비자의 거리두기를 통해서 단절을 기획하고 있으나 공정무역은 소비자들로 하여금 생산자와 상상적으로 연결되도록 하는 것이라고 할 수 있다. 상품의 지리적 삶을 드러내어 보여 주는 것은 상품을 탈물신화시키는 과정이라고 할 수 있고 공정무역 상품과 결부되어 있는 다양한 이미지들은 소비자들로 하여금 그들의 쇼핑 실천의 결과가 무엇인지를 재인식시키려는 시도라고 할 수 있다. 공정무역 상품 소비를 통해 제3세계 생산자들에게 공정한 가격을 보장함으로써 생계를 안정적으로 유지시키고 무너져 가고 있는 지역공동체를 재건시킬 수 있으며 위협받고 있는 생물 다양성을 보호할 수 있다는 점을 강조하고 있다.

이러한 공정무역은 자유무역 체제가 가지는 문제점에 대한 대안으로서 등장했고, 그 이유는 공정무역 상품 소비를 통해 상품 생산지로서 원거리에 존재하는 장소와 그곳에서 살아가는 인간, 비인간들과 소비자인 자기 자신이 어떻게 연결되어 있는지를 생각해 보고 나의 소비 결정이 어떤 결과를 유발할 수 있는지에 대해 고려해 볼 수 있는 중요한 교육적 매개체로서 그 역할을 할 수 있기 때문이다. 그래서 생태시민에게 요구되는 중요한 자질로서 사회적·도덕적 책임감, 능동적인 공동체 참여, 정치적 문해력, 타자에 대한 배려와 정의 실천과 같은 자질을 함양시키는 데 교육적 소재로서 공정무역을 다루는 것은 의의가 있을 것이다. 이러한 측면에서 공정무역은 타자로서 인간 및 비인간에 대한 공정성, 동정, 공감, 배려와 책임의 윤리라는 가치 및 태도를 학생들에게 내면화시키면서 생태시민성을 함양시키는 데 상당히 중요한 교수–학습 내용이라고 할 수 있다.

공정무역은 실천적인 윤리적 소비의 영역으로서 제3세계 생산자들(후진국의 생산자들)이 경험하고 있는 경제적 빈곤 문제를 해결하고 자립을 돕기 위해 그들에게 보다 좋은 조건으로 상품을 거래할 수 있는 환경을 제공하고 그들의 노동에 대한 정당한 권리를 인정해 주기 위하여 제1세계 소비자들(선진국의 소비자들)에 의해 활발하게 이루어지고 있다. 공정무역은 먼 곳에 있는 타자, 지역공동체, 전 지구적 부정의에 대한 관심을 강조할 뿐만 아니라 우리의 소비를 위하여 상품을 생산하고 있는 사람들에게 미치고 있는 부정적인 영향에 대하여 책임을 수용할 것을 강조한다. 그래서 Trentmann(2010)은 공정무역이 북반구의 소비자들과 남반구의 생산자들 사이에 존재하는 '공간적 단절을 연결하기' 위해 노력하는 것이라고 설명한다.

공정무역 상품은 생산자들의 장소에 기반한 삶의 흔적들로 가득 채워져 있다. 이는 McAfee(1999)의 말을 빌려 표현해 보면 '장소를 구하기 위해 장소를 판매하는 것'(Bryant and Goodman, 2004)이라고 할 수 있다. 이러한 실천을 통하여 공정무역에 대한 지식 흐름이 대안적인 스펙터클의 새로운 형태로 공정무역 상품을 재물신화시키고 있다(Bryant and Goodman, 2004). 공정무역 상품의 물신화는 주로 이미지를 통하여 나타나고 있다. Bryant and Goodman(2004)은 생산자와 소비자를 재결합시키는 것은 공정무역 상품들을 생산하는 물질적이고 기호적인 상품화 과정을 통해 수행되고 있음을 주장하고 있다. Cook et al(2004)에 의하면 광고에 등장하는 농장의 농부의 이미지들은 생산자를 이국적 '타자'로 그려내고 있고, Varul(2008)은 여기서 한 걸음 더 나아가 공정무역 상품 생산자가 탈-식민주의의 특별한 상품 유형이 되고 있음을 지적하고 있다. 즉, 공정무역 상품의 삶 속에서 물질적, 기호적 생산의 중요한 계기(Bryant and Goodman, 2004)로서 노동자와 농부들에 대한 재현은 상품 판촉을 위하여 이용되고 있다고 할 수 있다.

소비 자본주의는 공정무역 상품을 통하여 소비자들로 하여금 자신들의 노력을 통하여 더 나은 세계를 만들어 나갈 수 있을 것이라는 인간중심주의적인 가능성에 대한 욕망을 부추기고 있다. 이를 위해 공정무역 상품의 소비 공간은 상품 그 자체의 신뢰를 소비자들에게 제공하기 위해 행복, 깨끗함, 평화로움 등과 같은 다양한 이미지와 텍스트를 제공하고 있고 이러한 것들이 가지는 공통점은 생산자와 관련되어 있다. 이를 통해 소비의 현실 속에서는 다양한 매체를 통해 생산자/노동자들이 상상적으로 재현되고 있다.

결과적으로 이러한 사회적 실천은 글로벌 네트워크를 계속 유지, 생산시키는 일이 되는 것이어서 제3세계 커피 생산국들의 단작 생산을 조장하여 생태환경 파괴와 식량 부족을 초래할 것이다. 천규석(2010)에 의하면 공정무역 상품으로서의 커피나 설탕 등은 선진국에서 소비되는 기호식품으로서 대규모 단작농업에 의하여 재배되어 생산지역으로서의 제3세계의 식량 자립도를 낮추어 식량 부족을 유발시키고 토지오염 등을 발생시킨다고 보았다. 커피 소비량이 증가할수록 열대우림은 점점 사라져 가고 그 자리에 커피 농장이 들어서고, 그로 인하여 작물 재배의 다양성 대신에 단일 작물 경작이 지속적으로 이루어져 농업구조가 단일화되었으며 이로 인하여 커피 생산량이 증대되어 커피 가격은 하락하였다. 또한 비옥도가 높은 토지는 지력 소모가 많은 커피를 재배함으로써 점점 황폐해져 간다. 이러한 상황 속에서 지역 주민들은 식량을 재배할 토지에다 기호품인 커피를 재배함으로써 식량과 같은 생필품 등을 세계시장에서 구매해야 되는 의존적 삶의 수레바퀴 아래 놓일 수밖에 없게 된다.

따라서 생태시민성 교육은 학생들이 눈에 보이지 않는 원거리에 존재하는 타자들에 대한 배려, 책임과 의무 같은 생태적 덕성을 활성화하고 내면화시키는 것이다. 그래서 생태시민성 교육은 공정무역이 기반하고 있는 사회적 정의가 소비 자본주의에 의해 상품화되고, 오히려 공정무역 상품이 물신화됨으로써 사회·생태적 문제가 심화되고 있다는 현실을 보여 주어야 한다. 또한 공정무역을 단지 "개인적 소비가 아니라 정치적 참여, 동기, 무역정의를 지향하는 사회적 형태로서 다루어야 하고 무역을 지배하는 세계 경제 시스템, 국제적이고 초국적인 조절체에 대한 이해와 세계 상호의존성과 종속을 형성시키는 권력의 기하학(Massey, 1993)에 대한 고려 속에서(Pykett, 2011)" 제시해야 할 것이다.

공정무역 상품 소비를 통하여 원거리에 대한 배려, 책임을 실천할 수 있다는 신념은 Zizek(2011)이 언급한 것처럼 소비 자본주의 시대가 만들어 낸 미신이라고 할 수 있기에 생태시민성 교육은 공정무역 단체나 다국적 기업에 의해 제공되고 있는 공정무역에 대한 다양한 정보들을 있는 그대로 재현하기보다는 비판적 관점을 가지고 재해석하여 학생들에게 제공할 필요가 있다. 생태시민성 교육이 가지는 이러한 관점들은 "교사로서, 소비자로서, 시민으로서 경험하는 윤리적 딜레마를 반성해 보도록 하고 이는 우리 자신의 다양한 윤리적 행위들을 더 잘 이해하도록(Pykett, 2011)" 도움을 제공할 것이다. 더 나아가 학생들은 수업 속에서 제시되고 있는 수업 목표, 목적, 자료들의 도덕적 명령들에 대하여 문제를 제기할 수 있는 기회가 주어져야 할 것이고, 그래야 이를 통해 학생들이 공정무역의 필요에 대한 자신들의 비판적 이해를 발달시킬 수 있을 것이다.

# Ⅳ. 소비사회에서 비판적 정치학으로서 생태시민성 교육

## 1. 관계적 존재로서 생태시민

학생들은 다양한 소비 공간 속에서 살아가고 있다. 학생들의 소비 행위를 통하여 수많은 사회·생태적 네트워크가 형성되게 되고 또한 이 관계망을 통해 끊임없이 상호작용함으로써 네트워크를 유지, 변화시키기도 한다. 이 네트워크는 인간-비인간(자연-기계) 간의 상호작용을 통해 이루어진다. 학생들이 이러한 사회·생태적 네트워크에 내재되어 있는 실재를 이해하는 것은 '세계 내 존재'로서의 자신의 위치를 바르게 인식해야 달성될 수 있다. 생태시민성 교육에서는 상품의 수많은 글로벌 네트워크 가운데서 학생들이 가지는 존재론적 위치의 의미를 인식시킴으로써 그들로 하여금 어떤 실천 양식을 가지고 살아가야 하는지를 제시할 수 있어야 할 것이다.

생태시민성 교육은 다양한 사회·생태적 문제와 그에 대한 해결책 등에 관한 지식을 학생들에게 단순히 제공하는 것에 머무르지 않는다. 생태시민성 교육은 사회·생태적 문제 속에 자신을 놓아둘 수 있는 상황적 지식을 재구성해 가는 작업을 통하여 자신의 위치에 관해 성찰적 시각을 가질 수 있는 조건을 마련해 주는 것이 필요하다. 이러한 생태시민성 교육의 역할 속에서 "학생들은 교실 내에서 단지 수동적으로 지식을 받아들이지 않고, 자신을 둘러싼 세계에서 나타나는 다양한 사회·생태적 사건들을 자신과 분리시키지 않고서(Barnes, 2006)" 기술, 능력, 지식을 자신과 체화시킬 수 있을 것이다. 또한 그들은 세계 안에는 차이점들이 존재하고,

이 차이점들이 자신이 살아가는 장소와 멀리 떨어져 있거나 고립되어 있는 것이 아니라 자신과 직·간접적으로 연결되어 있음을 인식할 수 있다.

앞서 말했듯이 다양한 공간과 장소에 다양한 인간과 사물과 실천들이 교차하면서 나타나는 차이의 세계가 존재하기 때문에 윤리적 관점에서 요구되는 생태시민성 교육이 필요하다. 생태시민성 교육에 있어 중요한 목적은 저 멀리 떨어져 있는 장소에 존재하고 있는 다양한 인간 및 비인간과 학생 자신의 삶과 생활 세계를 연계시켜 사고할 수 있도록 만드는 것인데, 이것이 '책임과 배려 윤리'의 실천이 이루어질 수 있는 토대라고 보고 있다. 이러한 측면에서 살펴봤을 때 앞에서 살펴본 장소와 인간-비인간의 관계에 대한 관계적 관점은 "학생들이 살아가는 세계 속에서 나타나는 복잡한 사회, 생태적 이슈들이 자신들과 관계없는 것들이 아니라 직간접적으로 관계되어 있음을 인식하고 그러한 이슈들 내에 학생 자신들의 삶을 위치시킬 수 있는(Cook et al., 2007)" 흥미로우면서도 접근하기 쉬운 방법이라는 점에서 유용성이 크다고 할 수 있다.

상품의 세계 속에서 살아가는 학생들은 상품의 글로벌 네트워크를 구성하고 있는 유기체들과 기계들과의 모호한 관계들을 무의식적으로 받아들이고 있는 것처럼 보인다. 학생들의 물질적 몸과 글로벌 네트워크를 구성하고 있는 다양한 구성 요소들 사이의 관계를 만들어 가는 생태시민성 교육은 학교 현장의 교수·학습 과정에 있어서 인간/동물, 인간/기계와 같이 인간을 다른 것들과 분리하는 존재론적인 이분법에 도전할 수 있는 대안 모색의 가능성을 제공할 수 있을 것이다. 학생들은 이러한 생태시민성 교육에 기반한 책임과 배려의 관계적 윤리를 통하여 상품 소비로 발생되는 다양한 사회·생태적 결과들에 대하여 성찰적 인식을 가질 수 있을 것이다. 여기서 더 나아가 학생 개인의 변화는 집단의 실천적 책임을 담보할 수 있기 때문에 지속 가능한 세계로 나아갈 수 있는 전제가 될 수 있을 것이다.

이러한 측면에서 살펴보았을 때 생태시민성 교육은 윤리적이면서 정치적 이슈의 성격을 가진다라고 할 수 있기에 학생들의 일상 세계를 윤리적으로 구성하는 데 중요한 책임이 있다. 학생들이 일상적 상품 세계 속에서 소비를 통하여 눈에 보이지 않는 장소와 인간 및 비인간들과 연계되어 있다는 것과 세계의 다양한 글로벌 네트워크와 연계되고 그 네트워크에 의해 자신 또한 구성되는 관계적 존재라는 사실을 인식하도록 하는 데 중점을 두어야 할 것이다. 생태시민성 교육은 학생들에게 정치적 문해력과 사회·도덕적 책임감을 가르치고 함양할 수 있도록 하는 데 있어 아주 유용한 역할을 할 수 있을 것이다.

이를 통하여 학생들은 다양한 소비 장소에서 바람직한 의사결정과 실천의 경험들을 통하여 자신의 행위가 유발시킬 수 있는 다양한 사회·생태적 결과를 성찰할 수 있고 더 나아가 이러한 결과들에 대해 자발적으로 책임을 수용할 수 있을 것이다. 또한 눈에 보이지 않는 세계에서 살아가는 타자에 대해 배려와 책임, 정의와 같은 윤리적 가치가 내면화되어 일상적 실천 능력을 담지하게 될 수 있을 것이다. 결국 소비 자본주의에 의해 생산된 상상의 일상 세계가 생태시민성 교육을 통하여 학생들로 하여금 자신들의 위치를 올바르게 인식하고 바라봄으로써 세계를 변화시키고 이를 통하여 더 나은 세계를 만들어 나가는 데 기여할 수 있을 것이다.

상품은 하나의 작은 세계라고 할 수 있다. 그러나 학생은 상품을 자신들의 존재를 구성하고 있는 개별적이고 파편화된 대상이라고만 인식하고, 상품을 통한 세계 전체를 인식하지는 못한다. 인간과 인간, 인간과 비인간 간의 상호 관계성이 상품들 간의 관계로 전환됨으로써 상품이 가지는 공간적 삶은 파편화되고 불투명해지며 그 상품의 공간적 삶과 학생의 존재는 분리되어 버린다. 즉 학생이 살아가는 세계가 나 자신 이외의 인간, 비인간과의 총체적 관계망으로 이루어져 있다는 사실을 인식할 수 없게 된다. 그래서 학생의 상품 세계에 대한 인식은 상품 그 자체의 표면적 의미에 머물게 되고 그 이상으로 확장되지는 못한다. 그래서 학생들은 상품 그 자체에만 관심이 있으며 세계의 다양한 지역에 거주하고 있는 다른 사람들의 삶의 조건, 다양한 장소 속에서 나타나는 수많은 사회·생태적 문제 등에는 관심이 없거나 부족하다.

하지만 학생 모두는 소비 자본주의 속에서 관계성에 토대하여 생태적 주체를 구성해 가는 존재인 동시에 타자에 대한 무조건적인 책임을 수용하는 윤리적 존재가 되어야 하는 실존적 문제에 직면할 수밖에 없다. 생태적 인식을 통해 관계론적으로 학생은 자신을 둘러싸고 있는 세계 속에서 가까이에 존재하면서 우리에게 익숙한 인간과 비인간들, 공간과 장소(들)와, 그리고 멀리 떨어져 있어 자신에게 알려지지 않은 타자들(인간, 비인간) 및 공간과 장소들과 어떻게 관계되어 있는가에 대한 의문으로 나아갈 수 있을 것이다. 생태적 인식의 구조 속에서는 이미 타자가 전제되어 있기 때문에 우리의 삶 속에서 가치·태도의 영역인 윤리라는 문제를 내포할 수밖에 없다. 그래서 과거와 현재의 행위나 이러한 행위로 말미암아 미래에 도래하게 될 열려 있는 수많은 사회·생태적 문제에 대한 비판적 문제제기는 윤리적 행위의 필요성에 대한 끊임없는 탐구에 대한 여정과 맞닿아 있을 것이다.

생태적 인식은 세상에 대한 해석을 통한 자기 해석이고 자기 해석에 바탕하여 다시 세상을 해석하는 끊임없는 순환과정이다. 그래서 환경교육은 사회·생태적 환경 속에서 학생이 자신들의 외부 세계의 질서와 구조에 대한 이해를 바탕으로 자신의 위치를 올바르게 인식할 수 있는 생태적 인식 능력을 확장할 수 있도록 도와야 할 것이다. 이를 통해 학생 자신의 삶을 지배하고 있는 체제를 인식하고 그에 대한 저항과 합리적인 대안을 추구할 수 있는 해방적인 삶을 추구할 수 있도록 해야 할 것이다. 학생들이 생태적 인식을 통해 자신의 위치에 대한 이해의 문을 통과한다면 그들은 소비의 세계 속에만 머무르지 않고 일상적 삶 속에서 윤리적이며 정치적인 소비 실천 능력을 드러낼 것이다.

이를 통하여 학생들은 소비 자본주의에 의해 주조된 정체성으로서의 경제적 인간, 소비인간이 아니라 생태적 인간으로 살아갈 수 있는 가능성을 담보할 수 있게 될 것이다(정화열, 1990). 생태시민성 교육은 부재하는 현존의 세계를 드러내는 작업이어야 하고, 학생들을 시뮬라크르적인, 일차원적인 비가시성의 세계에서 실재적이고 현존하는 가시성의 세계에 살 수 있는 비판적이고 성찰적이며 책임과 배려 등과 같은 덕성을 갖춘 생태시민으로 성장해 나가도록 하는 데 중요한 역할을 해야 할 것이다.

## 2. 생태시민의 비판적 인식 전략으로서 지리 탐정 활동

Hartwick(2000)이 사용한 지리 탐정 작업(geographical detective work)은 학생들로 하여금 소비 지점으로부터 상품의 공간적 삶이 가지는 궤적을 거꾸로 거슬러 올라가 보게 만든다. 즉 마케팅, 분배, 가공 과정을 거쳐 운송 네트워크를 따라 노동자들이 거주하고 있는 장소들을 넘어 생산의 지점까지 거슬러 올라가 보는 작업이라고 할 수 있다. 이런 과정을 통해 학생들은 글로벌 네트워크에 의해 연결된 다양한 로컬 세계와 그곳에서 살아가고 있는 인간 및 비인간들과 직면할 것이다.

생태시민의 비판적 인식 전략으로서 '지리 탐정 활동'은 주어진 현 소비사회의 조건 속에서 살아가는 삶 속에서 생태적 존재로서의 자신의 위치와 정체성을 인지하고 구성해 가는 방법이라고 할 수 있다. 인지지도(cognotive map) 그리기는 환경적으로 위험한 사회 속에서 살아가는 학생들이 관계적 인간으로 타자(인간, 비인간)와 함께 지속 가능하게 살아갈 수 있는 생태적 인식 능력을 갖출 수 있도록 하는 데 도움을 제공할 수 있을 것이다. 상품의 세계 속에서 학생들이 생태적 인식을 담지한다는 것은 '내가 서 있는 상품의 세계는 어떤 세계인가', '이 세계 속에서 나는 어디에 위치해 있는가', '이 상품 세계와 나는 어떤 관계를 맺고 있는가'에 대한 탐구 과정이다. 그리고 이러한 과정 속에서 궁극적으로 '나는 누구인가'와 같은 자아 정체성에 대한 의문을 제기하면서 생태적 주체로서 자기 이해를 통한 본질적인 내적 변화를 추구하는 세계와 나에 대한 탐색의 끊임없는 순환과정이라고 할 수 있다. 소비의 세계 속에서 자신의 위치와 정체성에 대한 생태적 인식이 내면화된 학생들은 실천적 능력을 담지하고 살아갈 수 있는 생태적 인간으로 변화되어 갈 것이다.

학생들은 상품이 가지는 공간적 삶에 대해 탐정 활동을 해 나가면서 상품의 공간적 삶에 대한 실마리를 스스로 찾아가고 판단을 내리며, 비판적으로 질문을 던지게 될 것이다. 탐구 과정의 초기에는 단순하게 보이지만 탐구 순서를 따라가면서 이러한 연계가 얼마나 복잡한지가 명백하게 드러나게 될 것이다. 탐구 과정이 진행되어 갈수록 학생들은 점점 다양한 상품의 공간성에 대한 연계망을 만들어 갈 것이다. 이러한 탐구 작업은 학생들이 다른 사람들의 삶과 연계되어 있다는 현실을 드러낼 것이다. 이 작업은 소비의 정치 경제에서 환경적 함의가 무엇인지에 대한 인식을 가능하게 할 수 있다. 이를 통해 학생의 일상을 구성하고 있는 중요한 상품인 휴대폰의 다양한 원료들이 어디에서 나왔는지, 다양한 부품들이 어디에서 생산되었는지, 그리고 학생 자신들이 다양한 스케일—다른 사람들, 원료, 이 원료들이 나온 다양한 환경들—에 어떻게 연계되어 있는지를 볼 수 있다.

하지만 광고와 같은 상품 기호는 노동 과정, 상품의 연결망, 상품을 생

**지금 '조사 중'인 상품은 무엇인가?**

학생들은 자신들의 일상에서 중요한 상품을 확인한다: 신발, 옷, 휴대폰, MP3 등

**증거는 어디에 있을까?**

증거는 명확하게 드러나 있다. 대부분의 상품들은 어디서 생산된 것인지를 나타내고 있기 때문이다. 이를 확인하는 방법은 상품의 라벨과 포장지 위의 '~에서 만들어진', '~에서 조립된'과 같은 표기에서 회사명, 브랜드, 국가명 등을 확인하는 것이다.

**증거 조사하기**

인터넷을 이용해 보는 것이 최선의 방법이다. 어디에서 출발할까? 모든 종류의 웹사이트를 이용할 수 있다. 웹상에는 수많은 정보가 존재할 것이고 그 가운데 유용한 정보들의 범위를 한정시켜야 할 것이다. 초기에 학생들이 정보를 공유한다면 도움이 되겠지만 학생들은 자신들의 단서들을 추적해 갈 자유가 필요하다. 이 과정이 진행되어 가는 동안 학생들은 자신이 발견한 상품과 장소, 환경 및 그 밖의 관계를 세계지도 위에 기록할 수 있다.

**상품에 대한 다양한 관계 확인하기**

학생들이 자신들의 단서를 추적하면서 관계망을 거슬러 올라갈 수 있는 개요도를 사용할 수 있고, 그곳에서 일하고 있는 사람들과 장소들에 대한 더 많은 정보를 얻기 위해 검색을 시작할 수도 있다. 이 조사 과정은 발견된 증거 뒤에 침묵하면서 머물러 있는 인간들에 대한 이야기를 풀어 가는 것으로 시작해야 한다.

**그림 1. 지리 탐정 활동 과정**(Firth, Biddulph, 2010)

산하고 분배할 때 관련된 물질적 조건들을 갖추고 있다. 이와 같은 상황 속에서 제기되는 의문은 어떻게 환경교육은 학생을 학생의 세계에서 당연시되고 있는 소비와 관련한 복잡한 공간적 연계에 대한 이해와 먼 거리에 떨어져 있는 이방인들의 일상적 삶에 공감할 수 있도록 만들 수 있을지에 대한 것이다(Firth, Bidudulph, 2010). 그러나 그림 1에서 나타나는 것처럼 상품에 대한 학생의 탐정 작업을 통해서 이루어지는 조사 활동은 상품이 가지는 경제적, 정치적, 상징적 관계를 결합할 수 있다. 환경교육에서는 이러한 방법을 통하여 생산자와 소비자의 관계를 열어젖힐 때 학생의 삶은 표면화될 수 있고 탐구될 수 있는 가능성이 마련될 수 있을 것이다.

그림 2는 햄버거의 공간적 삶에 대한 지리 탐정 작업을 통해 학생들이 그들 자신과 다른 인간들의 삶과 비인간과의 관계를 만드는 방법의 한 가지 예이다. 상품이 가지는 생산-소비-처리의 네트워크를 이와 같이 그려 볼 수 있다면 학생 자신 스스로가 상품이 가지는 글로벌 네트워크 공간과 분리되어 있지 않으며 자신의 상품 소비 행위가 상품 네트워크를 유지시키는 실천 행위가 된다는 것을 알게 될 것이다. 이를 통해서 소비의 세계에서 이루어지는 자신의 소비 행위가 생산과 처리의 세계에 어떠한 결과를 유발시키는지에 대한 인식을 확보할 수 있게 될 것이다.

Corbridge(1993)는 "왜 우리의 삶이 멀리 떨어져 있는 이방인들의 삶과 결코 분리되어 있지 않다는 것을 주장하지 않는가? 우리가 다른 그 밖의 지역에 살고 있는 사람들에 대해 부분적으로 책임이 있기 때문에 고통의 시대에 멀리 떨어져 있는 이방인들의 필요에 대한 책임을 받아들여야만 한다는 점을 왜 말하지 않는가?"라고 주장하고 있다. Corbridge의 지적에 대한 대안으로서 환경교육에서는 인지지도 그리기의 한 방식으로서

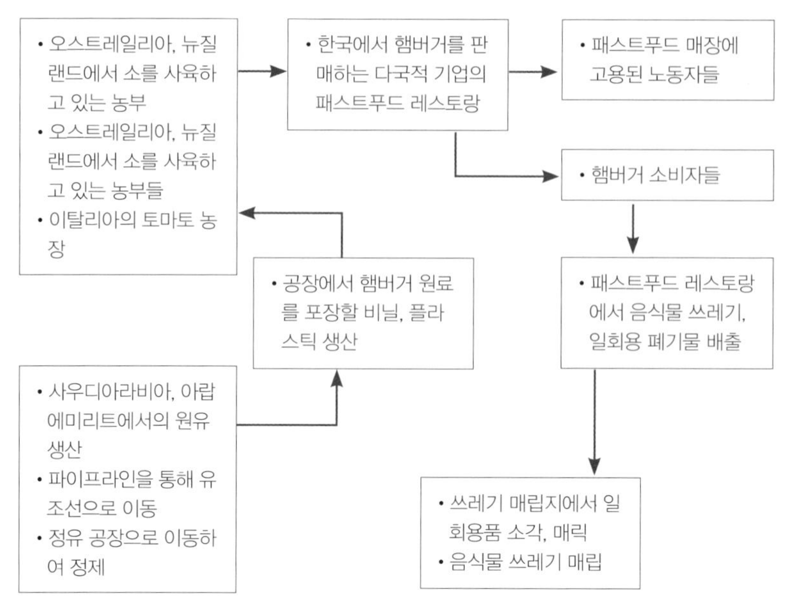


**그림 2. 햄버거의 지리 탐정 활동**

지리 탐정 작업을 시도함으로써 학생들이 지구적, 국가적, 지방적 스케일에서 자신들의 소비 행위와 다양한 장소, 인간, 비인간들을 연결하여 사고할 수 있는 인식 능력을 함양시킬 수 있을 것이다.

이러한 활동을 통하여 학생들은 자신들의 삶 속에서 소비가 얼마나 중요한지 전면에 부각시킬 수 있고, 생산자와 소비자로서의 자신들의 관계를 비판적으로 분석할 수 있으며, 자신들의 삶이 다른 사람들과 연계되어 있는 방식을 인식할 수 있을 것이다. 이를 통하여 자신들의 소비가 다른 지역의 사람들의 삶의 조건에 영향을 미칠 수 있음을 인식함으로써 다른 사람들의 삶에 대한 책임, 배려, 공감적 이해와 같은 생태시민의 자질을 함양시켜 나갈 수 있을 것이다.

학생들의 일상적 생활 세계로서 소비사회는 소비 이데올로기에 의해 지배되어 생성되고 재현되고 있다. 상품이 넘쳐나는 일상적 소비 세계에서 학생들은 외부에 의해 기획되고 주조되고 기입된 정체성으로서 소비 인간이 아니라 좀 더 스스로가 끊임없이 자율적으로 재창조해 가는 정체성을 가지기 위해서는 상품 세계와 비판적 거리를 둠으로써 자신의 위치를 성찰적으로 인식할 수 있는 인지지도 그리기와 같은 공간적 상상력이 필요할 것이다.

일상 소비의 형태가 윤리적이고 생태적이라는 것은 공간적 상상력을 통하여 지금, 여기에서 눈에 보이지 않는 실재, 즉 부재하는 실재를 인식하고 현세대 간, 현세대와 미래 세대 간, 인간과 비-인간 사이에서 정의롭고, 배려하며, 동정심을 가지는 소비 실천 양식이라고 할 수 있을 것이다. 그러면 소비 실천 양식이 윤리적이고 생태적일 수 있는 전제 조건은 외부에서 주어지는 유인책은 임시방편적인 방법밖에 될 수 없고 궁극적으로 내면적인 녹색 혁명이 일어나기 위해서는 학생 개개인들의 인식 구조 지평에서의 근본적인 변화가 필요하다. 이러한 인식의 급진적인 생태적 변화는 생태적 위험 사회 속에서 끊임없이 인지지도 그리기를 통해서 나타날 수 있는 학생 개개인들의 정체성 변화와 동일 선상에서 이해될 수 있을 것이다.

상품이 가지는 공간적 삶 속에 학생들을 위치시키는 지리 탐정 작업은 윤리적, 정치적으로 공간을 사유하는 것이라고 할 수 있다. 이러한 작업은 학생들의 소비 현실에 대한 관심을 일깨우는 것이고 일상적 소비 속에서 당연하게 여겨지는 사실에 수많은 의문을 제기하는 것이다. 또한 상품이 생산되어 소비 공간 속의 선반 위에 올려져 있기까지 외면되어 왔고 침묵되어 왔던 수많은 사람들, 그들이 살아가고 있는 장소에서의 사회·생태적 환경에 대한 이야기, 즉 상품의 공간적 삶과 관련된 이야기를 시작하는 것이다. 지리 탐정 작업은 환경교육 속에서 (불)평등, 자아, 타자, 자연과의 공존, 배려, 책임, 의무, 정의 등과 같은 가치를 바탕으로 한 교육이 이루어질 수 있는 기회를 제공함으로써 소비사회에서 생태시민의 인식 전략으로서 역할을 할 수 있을 것이다.

## V. 나오며

생태시민성 교육은 학생들이 현재의 불평등, 환경파괴와 같은 이슈들을 다루는 데 있어 도움을 제공할 수 있고 책임과 배려가 시간을 넘어서 공간과 장소를 가로지르면서 확대되는 방식을 보여 줄 수 있을 것이다. 또한 배려와 책임은 인간–인간의 관계, 인간–비인간의 관계를 생태화시키는 도덕적 능력이라고 할 수 있다. Smith(2005)가 '도덕적 사고'의 중요성을 주장하고 있고 여기에서 더 나아가 Cloke(2002)는 "윤리적으로 살고 정치적으로 행동하자"라고 주장하고 있다. 이들의 이러한 주장에 기반해 생태시민성 교육은 학생들이 자신들의 삶 속에서 윤리를 공간적으로 사고할 수 있는 능력과 정치적 행위 능력을 학생들에게 제공할 책임을 가져야 할 것이다. 또한 학생들이 개인적으로나 집단적으로나 그들을 둘러싸고 있는 환경과 다른 사람들에게 직·간접적적으로 영향을 주고받는 것과 관련하여 그들 자신과 환경 사이의 관계를 이해하기 위한 실제적인 능력이자 자질을 발달시키는 데 도움을 제공할 수 있어야 한다.

Giddens는 우리가 이전 세대들보다도 더욱 더 능동적으로 살아야 하고, 우리가 수용하고 있는 라이프 스타일과 우리의 일상적 행위들이 만들어 내는 결과들에 책임을 적극적으로 받아들일 필요가 있음을 주장하고 있다(홍욱희 역, 2009). Harvey(1990)는 현재 우리가 경험하고 있는 환경 변화들이라는 것이 인간의 역사 속에서 이전에 경험해 보지 못한, 과거에 비해서 훨씬 더 물질적, 영적, 미학적으로 복잡하고 광범위하고 위험하며 더욱더 큰 규모로 진행되어 오고 있다고 언급한다. 세계화로 인해 더욱 심화되고 있는 지구적 환경문제들은 다양한 범위와 스케일에 걸쳐서 나타나고 있다. 이처럼 Giddens와 Harvey가 진단하는 세계 속에서 생태시민을 지향하는 교육은 학생들이 살아가는 세계가 원인이 아니고 다양한 인간-비인간의 연결망을 통해 생성된 결과로 인식하도록 하는 데 그 지향점이 있다. 이를 통해 기후 위기로 인하여 유발되는 불확실성의 시대 속에서 인간 너머에 존재하는 비인간들의 목소리에 귀를 기울이고 이들이 처한 상황에 반응할 수 있는 능력을 가지도록 함으로써 자신들의 일상세계를 코스모폴리스(cosmopolis)로 바라보는 안목을 함양시킬 수 있을 것이다.

생태시민성 교육은 지금까지 인간과 자연의 관계를 설정하고 연구하는 데 있어 문화/자연, 주체/객체, 인간/비인간의 구분에 기반을 둔 근대의 이분법적 사고에 내재한 인간중심주의를 벗어나 세계를 인간과 비인간의 동등한 결합을 통해 구성된 집합체로 바라보는 것이라고 할 수 있다. 생태시민 교육은 학생들이 살아가는 세계가 원인이 아니고 다양한 인간과 비인간의 이질적 연결망을 통해 생성된 결과로 인식하도록 하도록 하는 데 도움을 줄 수 있다. 이를 통하여 학생들에게 존재론 및 인식론적 불확실성에 대한 탐색의 기회를 제공할 수 있고 인간 너머에 존재하는 비인간들이 인간과 마찬가지로 능동적 행위자이고 물질성과 행위성을 가진 존재라는 점을 받아들여 일상 속의 새로운 윤리적, 정치적 물음에 답할 수 있는 능력을 함양시킬 수 있을 것이다. 이와 더불어 생태시민성 교육은 기후 위기 시대에 학생들이 '다양한 시·공간 및 인간-비인간을 넘어 발생하는 책임과 의무를 가지는 생태시민의 자질을 갖추도록 하는 데 기여할 수 있을 것이다.

생태시민성 교육을 통하여 학생들은 자신을 둘러싸고 있는 상품 세계 속에서 자신의 존재의 구성적 상황에 대한 관계적 인식을 가지고 이러한 존재론적 인식에 기반하여 자신이 어디에 서 있는지에 대해 올바르게 인식해 나갈 수 있을 것이다. 또한 이를 통하여 자신의 행위가 유발하는 다양한 사회·생태적 결과를 성찰할 수 있고, 더 나아가 이러한 결과들에 대해 자발적으로 책임을 수용할 수 있으며, 눈에 보이지 않는 세계에서 살아가는 타자에 대해 배려와 책임, 정의와 같은 윤리적 가치가 내면화되어 일상적인 행위로 드러낼 수 있는 능력을 담지할 수 있게 될 것이다.

우리가 살아가는 세계는 일상적 상품이 가지는 사회공간적 삶을 시공간적으로 단절시키고 분리시켜 학생들로 하여금 이 상품이 어디로부터 왔는지에 대해서 알 수 없게끔 무의식적 배치 속에서 학생들을 가두고 있다. 이러한 상황 속에서 생태시민성 교육의 역할은 학생들이 보이지 않는 것을 볼 수 있도록 인도함으로써 비가시적 세계의 사회·생태적 문제에 대하여 관심과 지식을 가지고 그곳에서 살아가는 인간 및 비인간과 끊임없이 자신을 관계시켜 사고하고, 그에 기반하여 일상 속에서 생태시민성 실천을 수행할 수 있는 자질을 함양시키는 것이라고 할 수 있다. 이러한 생태시민성 실천은 학생들이 자신의 일상적 소비가 유발시키는 문제들에 대하여 도덕적 무관심의 상태에 머무르지 않고 자신을 그러한 문제들 가운데 위치시킴으로써 책임과 배려의 범위를 확대시켜 더 나은 세계를 실현시키려는 실천적 능력을 담지하도록 하는 데 도움을 제공할 것이다. 또한 이를 통하여 생태시민성 교육은 가능해질 것이다.

## 참고문헌

김병연, 2011, 생태시민성 논의의 지리과 환경교육적 함의, **한국지리환경교육학회지**, 19(2), 221-234.

김병연, 2013, 윤리적 소비의 세계에서 비판적 지리교육 -'공정무역'을 통한 윤리적 시민성 함양?-, **한국지리환경교육학회지**, 21(3), 129-145.

김병연, 2014, 소비 사회에서 생태적 주체 구성을 위한 환경 교육의 인식적 전략에 관한 연구, **한국환경교육학회지**, 27(4), 462-474.

김병연, 2015, 소비의 관계적 지리와 윤리적 지리교육, **대한지리학회지**, 50(2), 239-254.

김병연, 2022, 물질적/존재론적 전환의 관점에서 생태시민(성)을 다시 사유하기, **한국지역지리학회지**, 28(1), 133-150.

김종덕 외 역, 2006, **로컬푸드**, 시울 (Halweil, B., 2004, *Eat Here: Reclaiming Homegrown Pleasures in a Global Supermarket*, W W Norton & Co inc.

정화열, 1990, 탈근대에 있어서 마르크스주의와 심층생태학: 경제인에서 생태인으로, **전환기의 세계와 마르크스주의**, 39-65.

조명래, 2001, 소비의 지구화와 그 생태적 지배, **환경과 생명**, 8(2), 56-72.

조한경 역, 2000, **저주의 몫**, 문학동네 (Bataille, B., 1949, *La Part Maudite*, Paris: Minuit).

주성우 역, 2012, **멈춰라, 생각하라**, 와이즈베리 (Zizek, S., 2012, *The Year of Dreaming Dangerously*, Norton & Co Inc).

천규석, 2010, **윤리적 소비**, 실천문학사.

헬레나, 노르베르-호지, 2001, 세계화의 재앙, 희망의 신호들, **녹색평론**, 56, 98-111.

홍욱희 역, 2009, **기후변화의 정치학**, 에코리브르 (Giddens, A., 2009, *The Politics of Climate Change*, Polity Press).

Barnes, T. J., 2006, Situating Economic Geographical Teaching, *Journal of Geography in Higher Education*, 30(3), 405-409.

Barry, J., 1999, *Rethinking Green Politics*, London: Sage.

Barry, J., 2002, Vulnerability and Virtue: Democracy, Dependency, Ecological Stewardship, Minteer, B. A,, Taylor, B. P.(Eds.), *Democracy and the Claims of Nature*, Rowman & Littlefield.

Bryant, R., Goodman, M., 2004, Consuming Narratives: the Political Ecology of Alternative Consumption, *Transactions of the Institute of British Geographer*, 29, 344-366.

Bullen, A., Whitehead, M., 2005, Negotiating the Networks of Space, Time and Substance: a Geographical Perspective on the Sustainable Citizen, *Citizenship Studies*, 9(5), 499-516.

Christoff, P., 1996, Ecological Citizens and Ecologically Guided Democracy, Doherty, B., de Geus, M. (eds), *Democracy and Green Political Thought: Sustainability, Rights and Citizenship*, London: Routledge, 151-169.

Cloke, P., 2002, Deliver Us from Evil? Prospects for Living Ethically and Acting Politically in Human Geography, *Progress in Human Geography*, 236(5), 587-604.

Cook, I., Crang, P., Thorpe, M., 2004, Topics of Consumption: 'Getting with the Fetish' of 'Exotic' Fruit?, in Reimer, S., Hughes, A. (ed.), *Geographies of Commodities*, 109-139, Routledge.

Cook, I., Evans, J., Griffiths, H., Mayblin, L., Payne, B., Roberts, D., 2007, Made in...? Appreciating the Every Geographies of Connected Lives?, *Teaching Geography*, summer, 80-83.

Corbridge, S., 1993, Marxisms, Modernities, and Moralities: Development Praxis and the Claims of Distant Strangers, *Environment and Planning D*, 11, 449-472.

Dean, H., 2001, 'Green Citizenship', *Social Policy and Administration*, 35, 490-505.

Dobson, A., 2003, *Citizenship and the Environment*, Oxford: Oxford University Press.

Dobson, A., 2010, *Environmental Citizenship and Pro-environmental Behaviour: Rapid Research and Evidence Review*, London: Sustainable Development Research Network.

Dobson, A., Bell, D. (eds.), 2006, *Environmental Citizenship*, Cambridge: MIT Press.

Dobson, A., Sáiz, A. V., 2005, *Introduction to Environmental Politics*, 14(2), 157-162.

Eckersley, R., 2004, *The Green State: Rethinking Democracy and Sovereignty*,

Cambridge, MA: The MIT Press.
Eckersley, R., 2007, From Cosmopolitan Nationalism to Cosmopolitan Democracy, *Review of International Studies*, 33, 675-692.
Elaine, H., 2000, Towards a Geographical Politics of Consumption, *Environment and Planning A*, 32(7), 1177- 1192.
Firth, R., Biddulph, M., 2010, Whose Life is It Anyway? Young People's Geographies, Mitchell, D., *Living Geography*, Chris Kingston Publishing.
Gabrielson, T., 2008, Green Citizenship: a Review and Critique, *Citizenship Studies*, 12(4), 429-446.
Hailwood, S., 2005, Environmental Citizenship as Reasonable Citizenship, *Environmental Politics*, 14(2), 195-210.
Hartwick, E., 2000, Toward a Geographical Politics of Consumption, Environment and Planning A, 32, 1177-1192.
Harvey, D., 1990, Between Space and Time: Reflections on the Geographical Immagination, *Annals of the Association of American Geographers*, 80(3), 418-434.
Hayward, T., 2006, Ecological Citizenship: Justice, Rights and the Virtue of Resourcefulness, *Environmental Politics*, 15(3), 435-446.
Huckle, J., 1998, *What We Consume: The Teachers Handbook*, Richmond Publishing.
Jagers, S. C., 2009, In Search of the Ecological Citizen, *Environmental Politics*, 18(1), 18-36.
Jelin, M., 2002, Toward a Global Environmental Citizenship, *Citizenship Studies*, 4(1), 47-64.
Latour, B., 2004, *The Politics of Nature: How to Bring Science into Democracy*, Cambridge, MA: Harvard University Press.
Latta, A., 2007, Locating Democratic Politics in Ecological Citizenship, *Environmental Politics*, 16(3), 377-93.
Linklater, A., 1998, Cosmopolitan Citizenship, *Citizenship Studies*, 2(1), 23-41.
MacGregor, D., 2004, From Care to Citizenship: Calling Ecofeminism Back to Politics, *Ethics and the Environment*, 9(1), 56-84.
Marshall, T. H., 1950, *Citizenship and Social Class: And Other Essays*, Cambridge,

UK: Cambridge University Press.
Martinsson, J., Lundqvist, L. J., 2010, Ecological Citizenship: Coming out "Clean" without Turning "Green"?, *Environmental Politics*, 19(4), 518-37.
Mason, K., 2014, Becoming Citizen Green: Prefigurative Politics, Autonomous Geographies, and Hoping against Hope, *Environmental Politics,* 23(1), 140-158.
Massey, D., 1993, Power-geometry and a Progressive Sense of Place, Bird, J., Curtis, B., Putnam, T., Robertson, Tickner, L.(ed.), *Mapping the Future: Local Cultures, Global Change*, London: Routledge, 59-69.
McAfee, K., 1999, Selling Nature to Save It?, *Environment and Planning A*, 34, 1281-1302.
Pykett, J., 2011, Teaching Ethical Citizens? A Geographical Approach, Butt, G.(ed.), *Geography, Education and the Future*, Continuum, 225-239.
Sack, R. D., 1992, *Place, Modernity and the Comsumer's World: a Relational Framework for Geographical Analysis*, Johns Hopkins University Press.
Sagoff, M., 1988, *The Economy of the Earth: Philosophy, Law and the Environment*, Cambridge University Press.
Scoville, C., 2016, George Orwell and Ecological Citizenship: Moral Agency and Modern Estrangement, *Citizenship Studies,* 20(6-7), 830-845.
Seyfang, G., 2005, Shopping for Sustainability: Can Sustainable Consumption Promote Ecological Citizenship?, *Environmental Politics*, 14(2), 290-306.
Seyfang, G., 2006, Ecological Citizenship and Sustainable Consumption: Examining Local Organic Food Networks, *Journal of Rural Studies*, 22, 383-395.
Smith, M, 2005, Ecological Citizenship and Ethical Responsibility: Arendt, Benjamin and Political Activism, *Environments,* 33(3), 51-53.
Smith, M. J., 1998, *Ecologism: Towards Ecological Citizenship*, Buckingham, UK: Open University Press.
Spaargaren, G., Mol, A. P. J., 2013, Carbon Flows, Carbon Markets, and Low-carbon Lifestyles: Reflecting on the Role of Markets in Climate Governance, *Environmental Politics*, 22 (1), 174-193.
Steward, F., 1991, Citizens of Planet Earth, Andrews, G. (ed.), *Citizenship*,

London: Lawrence and Wishart, 65-75.
Trentmann, F., 2010, Multiple Spaces of Consumption: Some Historical Perspectives, Goodman, M., Goodman, D., Redclift. M.,(ed.), *Consuming Space: Placing consumption in Perspective*, 41-56, Farnham, UK:Ashgate.
Valencia Sáiz, A., 2005, Globalisation, Cosmopolitanism and Ecological Citizenship, *Environmental Politics*, 14(2), 163-78.
Van Steenbergen, B. (ed.), 1994, *The Condition of Citizenship*, London: Sage.
Varul, M Z., 2008, Consuming the Campesiono: Fair Trade Marketing between Recognition and Romantic Commodification, *Cultural Studies*, 22(5), 654-679.
Wolf, J., Brown, K., Conway, D., 2009, Ecological Citizenship and Climate Change: Perceptions and Practice, *Environmental Politics*, 18(4), 503-21.
Zizek, S., 2011, Catastrophe But Not Serious, *Public Programs for the Public Mind*, City University of New York. in http//fora.tv/2011/04/04/Slaoovoi

2장

# 생태시민성과 생태정의 -에너지 시민성과 에너지 정의의 관점에서-

**조철기**

경북대학교 지리교육과 교수

# I. 들어가며

국제 기후변화 정책은 세계 기온 상승을 2℃로 한정하는 것을 목적으로 하고 있다. 이에 따라 세계 각국은 기후변화 경감 목표를 달성하기 위해 지속적인 온실가스 방출 감소를 요구받고 있다. 이와 더불어 세계 각국은 화석연료를 재생에너지 자원으로 전환하거나 에너지 효율성을 위한 조치를 취해야만 한다. 기후변화 경감 목표는 주로 국가 수준에서 설정되어 있지만, 지역 및 로컬 수준에서도 실행되고 있다. 기후변화는 전 지구적으로 에너지 시스템의 변화를 촉구하고 있으며, 이는 다중 스케일에 기반한 거버넌스를 통해 해결해야 할 체계적인 문제인 것이다(Ryghaug et al., 2018).

인류의 발전은 직간접적으로 여러 유형의 에너지 사용과 연관되어 있다. 과거 우리 인간은 에너지 자원을 무한정으로 이용할 수 있으리라고 생각했지만, 대부분의 에너지 자원은 유한하며 재생가능하지도 않다. 그리고 에너지 생산과 소비는 세계적으로 그리고 지역적으로 환경, 경제 및 사회 전반에 큰 영향을 미친다. 이러한 영향은 화석연료를 기반으로 하는 에너지 시스템에서 더욱 두드러지며, 중장기적으로 더 짧은 시간 내에 나타날 수 있다(Oliveira and Fernandes, 2011). 화석연료에 대한 수요는 빠르게 증가하고 있고, 이러한 화석연료에 기반한 에너지 소비는 기후변화와 같은 환경문제를 불러일으킨다. 따라서 화석연료에 기반한 에너지의 생산자와 소비자들은 에너지 소비와 환경문제 간의 밀접한 관련성을 인식하기 시작했다(Bang et al., 2000). 그리하여 재생가능한 에너지는 환경문제를 완화할 수 있는 대안으로 간주되고 있다. 많은 기업이 수익 창출과 함께 친환경적인 제품을 개발하려고 노력하며 이는 소비자 행동에 영향을 끼친다.

이처럼 기후변화와 에너지의 생산과 소비는 매우 밀접하게 연관되어 있다. 그러함에도 불구하고 그동안 학교교육에서는 기후변화와 에너지를 파편적으로 다루었을 뿐 관계적 측면에서 고찰하지 못했다. 그리하여 기후변화가 인간의 활동 중에서도 에너지의 생산과 소비와 밀접한 관련이 있다고 보고, 기후변화의 원인을 예방하기 위한 실천적 방안으로서 에너지 시민성을 위한 학교교육의 필요성을 논의하고자 한다.

# II. 에너지 시스템과 에너지 전환

## 1. 에너지 시스템의 전환

산업사회에서 성장을 위한 동력 또는 에너지는 화석연료인 탄소에 기반하였다. 즉 산업사회는 '성장 중심의 탄소 기반 에너지 시스템 사회'였다. 화석연료를 사용하는 기업들이 산업을 선도하면서 세계를 지배해 갔다. 그러나 이러한 화석연료의 과다한 사용은 기후변화 등과 같은 환경문제 쟁점을 불러일으키게 된다. 최근 세계는 이러한 '성장 중심의 탄소 기반 에너지 시스템 사회'에 대한 반작용으로 재생가능 에너지를 사용하는 '지속 가능한 탄소 중립 에너지 시스템 사회'로의 전환을 모색하고 있다. '탄소 중립 사회'는 '저탄소 사회'로도 불리며 재생가능 에너지와 같이 저탄소 에너지 기술(적정기술, 친환경 산업) 사용을 통한 저탄소 전환 또는 저탄소 에너지 전환을 모색하고 있다. 달리 말하면, 세계는 더 지속 가능한 에너지 시스템으로의 전환을 모색하고 있는 것이다.

화석연료에 기반한 에너지 시스템에서 '탄소 중립(carbon neutral)' 또는 심지어 탄소 배출이 없는 '탄소 네거티브(carbon negative)' 에너지 시스템으로의 변화는 단순히 하나의 에너지를 다른 에너지로 대체하는 것 이상을 의미한다(Lennon et al., 2019). 에너지 시스템의 변화/전환은 우리 일상생활의 기초를 형성하는 사회기술 시스템(social-technical systems)의 변화를 의미한다. 예를 들면 전력망, 운송 기반시설, 건설, 폐기물 처리, 음식 생산 등의 변화를 포함한다. 이러한 에너지 시스템은 기술적인 하부구조의 집합뿐만 아니라 사회적 실천, 통제, 제도, 정보, 문화적 의미, 경제적 네트워크의 집합들이다(Gram-Hanssen, 2011; Rohracher, 2018;

Shove and Warde, 1998). 결과적으로, 지속 가능한 탄소 중립 에너지 시스템(sustainable carbon neural energy systems)으로의 전환은 대중들 또는 시민들의 새로운 사회적 역할과 책임성을 요구한다(Ryghaug et al., 2018; Lennon et al., 2019).

오래전부터 지속 가능한 에너지 시스템으로 전환하기 위해서는 중앙집중적인 에너지 시스템을 지역 분산적인 에너지 시스템으로 변화시켜야 한다는 주장이 제기되어 왔다(Lovins, 1976). 이에 따라 '지역 에너지(local energy)'[1]라는 개념이 등장한다. 지역 에너지는 에너지의 생산과 소비가 같은 공간에서 이루어진다. 그리하여 기존의 중앙집중식 에너지 시스템에서 발생하는 환경적, 사회적 외부효과를 최소화할 수 있다. 지역사회는 에너지 문제에 대해 지역 주민의 참여를 통해 결정하게 된다. 그리하여 에너지 의사결정의 민주성을 높이고 지역 주민의 에너지에 대한 통제력을 높일 수 있다. 또한 경제적으로도 이점이 있다. 지역 주민이 직접 에너지 생산 활동에 참여하여 생산자가 되기 때문에, 에너지 생산에 투입된 비용이 지역사회 안에서 순환되어 장기적으로는 지역경제도 활성화될 수 있다. 한편, 화석연료로 인해 야기된 기후변화에 대한 위기의식과 후쿠시마 원전사고 이후로 대두된 안전하고 지속 가능한 에너지원에 대한 요구와 맞물려 최근 '에너지협동조합'의 역할이 주목을 받고 있다.[2]

---

1. 공동체 에너지(community energy)는 지역 에너지와 유사한 점이 있다. 뿐만 아니라 분산형 에너지(distributed energy), 공동체 기반 에너지(community based energy), 공동체 재생가능 에너지(community renewable energy), 공동체 소유 에너지(community owned energy)로 불리기도 하는데, 뉘앙스의 차이는 있지만 모두 연성 에너지 시스템을 지향하는 것으로, 지역 스케일과 시민 참여 공간으로서의 지역과 공동체에 주목하는 것이 공통적이다(박진희, 2014; 이정필·한재각, 2014; 현명주, 2014).
2. 국제협동조합연맹(ICA, International Co-operative Alliance)은 2009년 스위스 제네바에서 열린 총회에서 '지속 가능한 에너지경제를 위하여'를 결의문으로 채택하였다. 이 결의문은 협동조합이 지역공동체에 기반을 두고 재생가능 에너지를 생산 및 공급하는 역할을 함으로

## 2. 에너지 전환

### (1) 에너지 전환이란?

에너지 전환은 세계가 기후변화와 에너지 위기 그리고 안전에 대해 인식하면서 에너지 시스템의 변화를 고민하기 시작한 데서 비롯되었다. 특히 미국의 스리마일, 구소련의 체르노빌, 일본의 후쿠시마 원자력 사고로 인해 원자력 에너지의 이용을 줄이려는 노력이 여러 나라로 확산하고 있다. 2011년 후쿠시마 원전 사고 이후 독일을 비롯한 일부 국가들이 원전 폐쇄를 선언하고 재생가능 에너지(풍력, 태양광, 바이오매스 등)로의 전환을 모색하고 있다. 이러한 에너지 시스템에 대한 인식과 실천의 변화를 흔히 '에너지 전환(energy transition)'이라고 한다. 그렇지만 사실 이러한 에너지 전환에 대한 논의는 이미 1970년대부터 전개되어 왔다.

화석에너지와 핵(원자력)에너지는 기후변화를 촉진해 생태적 대재앙을 불러일으킬 뿐만 아니라, 중앙집중적인 에너지 체제는 그 자체가 기술적으로도 위험하고 사회적으로도 대다수 시민이 에너지 권력에 종속되므로 민주주의를 위협한다. 처음으로 '에너지 전환' 개념을 제시한 Lovins (1976)는 경성 에너지(hard energy)로부터 연성 에너지(soft energy)로 '에너지원(energy source)'을 전환할 것을 주장하였다. Lovins의 에너지 전

---

써 에너지 기업의 독과점으로부터 자율성을 확보하여 에너지 민주화와 지속 가능한 경제 발전에 중심적인 역할을 할 수 있을 것이라고 주장하고 있다. 에너지 가격 상승과 기후변화에 따른 농업 생산량 변화로 지구적인 차원의 경제 위기에 직면해 있는 상황에서 전 세계 협동조합 진영이 에너지 효율화와 재생가능 에너지 확대를 위해 노력하기로 결의한 것이다. 우리나라는 협동조합기본법이 2012년에 제정된 이후 전국적으로 25여 개의 에너지협동조합이 결성되었으며, 일부는 태양광 발전 설비를 설치하면서 본격적인 사업 활동에 들어선 상태다. 2014년 7월을 기준으로 서울시에서 활동하고 있는 에너지협동조합은 총 7개이며, 조합원은 총 2,306명이다(박진희, 2014; 양수연, 2014, 2015).

환 개념은 경성 에너지인 화석연료와 핵발전으로부터 연성 에너지인 재생에너지로의 '에너지원'만의 전환이 아니라, 이와 연결되고 따로 분리될 수 없는 정치적, 경제적, 사회적 요소들도 동시에 변화하고 재배열되는 사회기술 시스템의 전환이다(현명주, 2014). 근본적인 에너지 문제 해결을 위해서는 사회적 변화가 수반되어야 하고, 그 활동이나 대안 운동, 절약 운동의 범위에서 반핵운동이나 정책 결정 과정의 참여 등으로 정치, 사회, 경제적으로 확장되어야 한다는 시각을 내포하고 있다(현명주, 2014; Loring 2007; Walker, 2011). 최근 들어 이러한 에너지 전환의 시스템적 성격을 적극적으로 포착하고 이론화하는 데 있어, 사회기술 시스템의 변화 동학과 관련 정책을 분석 · 연구하는 '전환연구(transition studies)'[3]라는 이론적 접근의 유용성이 주목받고 있다(Geels, 2005; STRN, 2010; 이정필, 한재각, 2014).

에너지 전환 정책의 핵심에는 재생가능 에너지 확대와 에너지 효율을 통한 에너지 소비의 절대적 감축이 놓여 있다. 그런데 이 둘 모두 시민의 자발적인 참여를 전제로 하지 않고는 달성이 어렵다. 분산형 재생가능 에너지 시스템 구축은 지금까지 자발적으로 진행되어 온 시민 발전소, 발전회사, 에너지 시민 협동조합 등의 지속적인 확대가 전제되어야 하고 이는 시민들의 에너지 생산 직접 참여 확대를 의미하는 것이다. 또한 에너지 소비의 30%를 차지하고 있는 일반 가정에서 에너지 소비 절약을 실천하

3. 시스템 전환(system transition), 시스템 혁신(system innovation), 지속가능성 전환(sustainability transition), 풀뿌리 혁신(grassroot innovation) 등 다양한 용어로 묘사되는 사회기술 시스템의 전환을 다루는 연구들이 전환연구(transition studies)로 통칭되고 있다(STRN, 2010). 1990년대 초 네덜란드를 중심으로 발전한 전환연구는 기술사회학, 기술사, 혁신연구, 신제도주의에 바탕을 두고 사회와 기술의 상호작용을 시스템적 관점에서 통합하는 접근을 취한다(이정필 · 한재각, 2014).

지 않은 채 산업 에너지 소비 규제만으로 에너지 절감 목표를 이룰 수는 없다. 단열로 난방 에너지를, 이웃과 카 셰어링으로 자동차 연료를 절약하고 재생가능 에너지 전기를 직접 생산하는 시민들 없이는 불가능하다. 따라서 시민사회의 동력을 활용하고 "시민 포럼", "시민 대화"와 같은 시민 참여 정책을 적극 활용해야 한다(박진희, 2014).

한편, 기후변화와 에너지 위기에 대한 지역적 대응으로 최근 에너지 자립 마을이 곳곳에서 활발히 나타나고 있다. 에너지 자립 마을이나 전환마을(transition town)은 기존의 화석연료 중심, 중앙집중식 에너지 체제에 균열을 가하며 에너지 전환을 위한 '틈새(niche)'로서의 역할을 하고 있다. 그리고 에너지 민주주의(energy democracy)의 이름 아래 에너지의 생산과 소비를 포괄하는 에너지 시스템의 변화를 모색하는 움직임이 늘고 있다. 분산형 에너지(distributed energy), 공동체 에너지(community energy), 에너지 협동조합(energy cooperative), 에너지 프로슈머(energy prosumer), 에너지 시민성(energy citizenship)과 관련된 논의는 에너지 소비를 넘어서 에너지 생산, 에너지 시설의 소유 운영, 에너지 시민의 역할 등 새로운 문제를 제기하고 있다(Szulecki, 2018).

이상과 같은 에너지 전환은 이제 한국에서도 낯선 말이 아니다. 2017년 6월 탈핵 선언 이후 문재인 정부는 노후 원전 수명 연장 중단, 신한울 3·4호기 이후 신규 원전 건설 중단을 골자로 한 탈핵 정책과 2030년까지 재생에너지의 발전 비중을 20%로 높이는 "재생에너지 3020 이행계획"을 중심축으로 삼아 탈핵 에너지 전환 정책을 펴고 있다. 여기에 미세먼지 문제가 사회적 쟁점으로 부상하면서 석탄 화력발전의 축소, 경유차 운행 축소와 같은 대책들이 추가로 도입되고 있다. 중앙정부 밖으로 눈길을 돌리면, 지역 에너지 계획과 에너지협동조합이 곳곳에 뿌리를 내리고 있으며 탈석탄 운동, 청소년 기후 소송과 같은 새로운 기후 에너지 운동이 떠오르고 있다. 기업으로 시선을 옮기면, 재생에너지 100% 전환을 목표로 하는 'RE100'에 동참하는 기업이 눈에 띈다. 그러나 탈핵 에너지 전환이 순탄하게 진행되는 것만은 아니다. 주지하듯이 탈핵 에너지 전환이 가시화되면서 에너지 전환을 둘러싼 갈등이 격화되고 있다. 더구나 사회적 갈등은 탈핵, 탈석탄 정책에 대한 저항에 머물지 않고 재생에너지 시설 건설 반대로까지 확대되고 있다. 이처럼 정부는 탈원전 정책을 추진하였고, 탄소 중립 또는 저탄소 사회로의 전환을 모색하고 있다.

### (2) 에너지 전환과 관련한 다양한 담론들

이러한 에너지 전환을 둘러싼 다양한 담론이 존재한다. 에너지 전환에 관한 담론은 지역개발(regional development), 기후변화 경감(climate change mitigation), 에너지 안보(energy security) 전략들을 이해하는 데 중요하다(Komendantova et al., 2018). 에너지 전환은 기술, 정치적 규제, 관세 그리고 가격뿐만 아니라, 에너지 관련 기술을 채택하고 사용하는 사람들의 행동 변화를 요구한다. 또한 에너지 전환 과정은 의사결정 과정에서 주민들을 포함한 다양한 이해당사자들의 의견에 영향을 받는다. 이해당사자인 주민들은 에너지 전환을 지지할 수도 있고 반대할 수도 있다. 에너지 전환을 둘러싼 이해당사자들의 다양한 관점, 목적, 견해 그리고 행동은 기술의 사용, 사회 변혁 등에 영향을 준다. 에너지 전환은 또한 이해당사자들의 위치성에 영향을 줄 수 있고, 에너지 전환 과정에서 일부 이해당사자들은 이익을 얻는 반면 다른 이해당사자들은 불이익을 얻기도 한다. 따라서 에너지 전환을 둘러싼 다양한 담론에 대한 이해는 지속가능하고 수용할 수 있는 에너지 전환을 위한 선결 조건이다.

이전에는 에너지 전환에 관한 담론이 주로 기술과 경제적 측면에 집중되었다. 그러나 최근에는 이해당사자들의 이야기(stories), 내러티브(narratives), 스토리텔링(storytelling)과 같은 사회과학적 방법들이 점점 더 주목을 받고 있다(Moezzi et al., 2017). 이야기는 제도(institutions)와 행위자(actors)가 자신들을 어떻게 조직하고 있고, 의미를 어떻게 창출하고 있는지에 대한 질문들을 포함하여 담론체를 이해하는 데 자주 사용된다(Hajer, 1995). 스토리 라인(story lines)은 또한 전문가들의 담론들뿐만 아니라 특정 상황에 처해 있는 사람, 즉 이해당사자들의 담론들을 이해하는 데 중요하다(Ottinger, 2017). 담론분석은 사회과학에서의 하나의 이론적 접근방법이며, 그것은 다양한 이해당사자 집단들의 관점과 생각을 이해하는 데 유용하다.

Leipprand et al.(2017)는 지속 가능한 발전에 대한 정치적 논쟁에 대한 분석을 '프로액티브(proactive) 담론'과 '리액티브(reactive) 담론'으로 구분했는데, 이는 Kempfert and Horne(2013)이 제시한 두 개의 주요한 에너지 담론인 '전통적 에너지 연합(conventional energy coalition)' 및 '지속 가능한 에너지 연합(sustainable energy coalition)'과 맥락을 같이한다. 전통적 에너지 연합은 에너지 전환에 있어서 현재상태를 유지하는 데 목적을 두는 반면, 지속 가능한 에너지 연합은 에너지 전환 비용이 성과를 거둘 장기간 투자로 간주되어야 한다고 주장한다. 또한 Laugs and Moll(2017)은 '기술만능주의(Cornucopian) 환경담론'과 '맬서스주의(Malthusian) 환경담론'으로 구분했다. 기술만능주의자들은 유형과 무형의 자원들을 무한한 것으로 인식하는 반면, 멜서스주의자들은 깨어지기 쉽고 유한한 유기체로서의 세계는 신중한 관리가 필요하다고 인식한다.

한편, Thompson et al.(1990)의 연구에서 발전된 다원적 합리성이론

(theory of plural rationalities)에 따르면, 계층적/권위적 담론(hierarchical/authoritarian discourse), 평등주의 담론(egalitrarian discourse), 개인주의적 담론(individualistic discourse), 운명론적 담론(fatalistic discourse)이 있다(Komendantova et al., 2018). 여기서 운명론적 태도/담론(fatalistic attitude/discourse)은 기후변화는 불가피하며 불운한 것으로 받아들이며, 능동적 사고와 실천적 행동을 수반하지 않기 때문에 에너지 전환 또는 에너지 시민성의 측면에서 제외되는 경향이 많다. 따라서 여기서는 나머지 세 담론에 대해서 구체적으로 살펴본다.

첫째, 계층적 또는 권위주의적 태도/담론은 통제적이다. 권위주의자들은 기후변화와 같은 위험은 전문가들이 충분히 통제할 수 있고, 위험은 수용할 수 있다고 본다. 그들은 에너지 전환과 같은 정책 개입은 전문가들의 조언과 함께 하향식으로 통제되고 실행되어야 한다고 믿는다. 이 담론은 전문가들과 공적인 의사결정자들을 신뢰하고 그들에게 에너지 전환에서 중심적 역할을 부여한다. 이 담론은 또한 정치가들이 에너지 전환에 선도적 역할을 한다고 믿는다. 이 담론은 궁극적으로 에너지 전환은 전문가들에 의해 추동되어야 하고, 에너지 전환의 실행은 위험을 최소화하기 위해 공공 부문에 의해 통제되어야 한다고 본다. 여기서 개인의 책임성은 거의 논의되지 않는다.

둘째, 개인주의적 태도/담론은 시장을 통한 해결에 초점을 둔다. 개인주의자들은 시장이 자원을 효율적으로 분배할 수 있고, 자연은 자기 수정적이며 회복 탄력적이라고 믿는다. 그들은 근대화와 기술 진보를 환경적 관심보다 우위에 둔다. 개인주의자들은 기존의 갈등에 대해 관심을 가지지 않는다. 왜냐하면 그들은 최선의 아이디어가 궁극적으로 갈등을 해결할 것이라고 믿기 때문이다. 개인주의자들은 기후변화 경감과 재생가능한 에너지의 배치에 능동적 입장을 가진다. 개인주의자들은 과학적 혁신을 사회적 진보로 인식한다. 개인주의자들은 환경보호를 지지하는 경향이 있고, 환경보호를 위해 화석에너지를 사용하지 않는다. 이 담론에 따르면, 화석연료에 대한 개인주의적 담론은 에너지 전환과 재생가능 에너지들의 도입에 긍정적인 관점을 보이는 경향이 있다. 왜냐하면 이 담론은 주로 에너지 전환을 경제 발달과 미래에 재생가능한 에너지로부터 에너지 수출을 할 수 있다고 보기 때문이다.

셋째, 평등주의 태도/담론은 인간사회가 자연의 균형을 쉽게 파괴할 수 있다고 믿는다. 그들은 인간은 모두 평등하다고 믿는다. 그러므로 그들은 천연자원은 모든 사람들이 공유해야 하며 자연은 보호받아야 한다고 믿는다. 그들은 종종 새로운 기술은 위험한 것으로 인식하며 신기술의 이점은 작다고 인식한다. 평등주의 담론은 의사결정 과정에서의 동등한 책임성, 공동 의사결정, 에너지 전환의 비용과 이익의 공정한 분배를 강조한다. 평등주의 담론은 에너지 전환을 현재와 미래 세대 간의 자원 분배에 있어서 공정성뿐만 아니라 다양한 지역들 간의 공정을 중시한다. 평등주의 담론에서는 의사결정 과정이 핵심이다. 의사결정 과정은 결과와 절차적 정당성, 즉 에너지 전환의 위험과 이익의 공정한 분배뿐만 아니라 모든 사람들이 참여할 수 있고, 모든 목소리를 들을 수 있는 공정하고 투명한 의사결정 과정에 근거해야 한다. 평등주의 담론의 또 하나의 중요한 토픽은 '참가'이다. 모든 사람들은 투명한 의사결정 과정에 동등하게 참가할 권리를 보장받아야 한다. 다른 담론들과 비교하여 평등주의 담론은 의사결정 과정에 있어서 탈중앙집중화(decentralization)의 필요성에 관해 더 강조한다. 평등주의 담론은 다양한 이해당사자 집단들이 공정하게 참가해야 할 뿐만 아니라 비용과 이익도 마찬가지로 공정하게 분배되어야 한다고 믿는다.

에너지 전환은 경제, 기술, 인간 등의 요인들이 함께 작동하는 매우 복잡한 담론적 구성이다. 에너지 전환에 관한 인식과 행동하려는 의지의 수준은 상이한 담론에 따라 달라진다(Stirling, 2014; Westerhoff and Robinson, 2013). 시민들은 에너지 전환의 필요성에 관한 인식뿐만 아니라 에너지 전환에 기꺼이 능동적으로 참여하겠다는 의지에 관한 담론을 발전시켜야 한다. 즉 시민들이 에너지 전환에 대해 인식하는 수준을 넘어 능동적으로 행동하는 수준으로 나아가야 한다.

## III. 생태시민성과 에너지 시민성

### 1. 환경시민성에서 생태시민성으로

흔히 전통적인 관점에서 '시민성(citizenship)'이라 하면 1950년대에 영국의 사회학자 토마스 마샬(Thomas H. Marshall)에 의해 발전된 정치이론에 많이 의존하고 있다. 그는 영국에서 시민성이 18세기에는 개인의 자유권(civil rights, 언론·사상·출판·집회·결사의 자유 등)만을, 19세기에는 정치권(political rights, 정치권력 행사와 관련된 선거권과 피선거권 등)까지, 그리고 20세기에는 사회권(social rights, 인간적 품위를 지킬 수 있도록 도와주는 최소한의 사회서비스)까지도 포함하는 제도와 개념으로 확장되어 왔다고 주장하였다. 이러한 시민성 개념은 그 이후에 전개된 시민성 논의에 많은 영향을 끼쳤다. 그러나 그의 시민성 개념은 기본적으로 자유주의적 전통에 입각하여 개인의 권리만을 지나치게 강조하였다. 이러한 문제의

식에 따라 공동체적이고 공화주의적인 가치를 중시하는 이들이 시민성 개념에서 그간 상대적으로 소홀히 취급되던 공동체에 대한 의무와 책임을 강조하기 시작하면서 최근 시민성 개념은 다시 권리만이 아니라 의무 및 책임까지 포괄하는 총체적 개념으로 발전하고 있다(Isin and Turner, 2002; Leach and Scoones, 2005). 예컨대 돕슨(Dobson)과 같은 생태적 시민성(ecological citizenship)을 지지하는 사람들은 기존의 시민성 논의가 사적 영역에서의 행위의 중요성을 간과하고, 지속 가능한 사회를 만드는 데 필요한 시민적 덕성을 제시하지 못하는 한계가 있다고 비판한다. 그들은 생태 위기를 해결하기 위해서는 권리만이 아니라 의무와 책임, 덕성, 그리고 이웃에 대한 연민 등을 포함한 새로운 유형의 시민성이 필요하다고 역설한 바 있다(Dobson, 2003; 홍덕화·이영희, 2014).

생태시민성에 대한 논의는 돕슨을 중심으로 1990년대부터 이루어지기 시작하였고, 한국에서도 2000년대 중반 이후 생태시민성 개념이 도입되기 시작했다. 생태시민성은 시민성과 생태적 사고를 연계하려는 노력의 일환으로 등장한 개념이다. 생태시민성 개념이 등장하기 이전까지만 하더라도 시민성은 대개 공간적 스케일에 토대하여 국가시민성, 로컬(지역)시민성, 글로벌시민성, 다문화시민성, 다중시민성의 관점에서 다루어졌다. 그러나 Dobson은 시민성의 영역을 인간이 아닌 환경, 생태, 비인간의 영역으로 확장하면서, 시민성의 영역을 '생태적'이라는 새로운 틀로 보고 인간의 환경, 생태, 비인간에 대한 의무와 책임감을 강조한 생태시민성을 주장했다. 생태시민성은 생태적으로 건전하고 민주적인 새로운 유형의 시민성이며 반생태이거나 환경관리적 시민성의 한계를 극복하는 생태민주주의를 지향한다(이정필·한재각, 2014; 현명주, 2014). 사실 생태시민성이 등장하기 이전에 환경시민성(environmental citizenship)이라는 개념이 일반적으로 사용되었다. 그런데 Dobson(2003)은 생태시민성을 강조하면서 이를 환경시민성과 구분지었다. 그에 의하면, 환경시민성이 기존의 전통적인 공간적 스케일에 의한 시민성의 개념에 환경적 권리만을 추가한 것인데 반해, 생태시민성은 인간을 자연, 즉 생태계의 일부로 간주하면서 인간과 비인간 간의 '정의(justice)'를 강조한다(Dobson, 2003, 88-89).

나아가 돕슨은 기존의 시민성과 구분되는 생태시민성의 특징을 네 가지로 제시했다. 첫 번째 특징은 공간적으로는 국가 경계를 넘어 전 지구로 확대하는 '비영토성(비영역성)'이다. 생태시민성은 특정 공간적 영역에 한정되지 않은 생태 발자국을, 시간적으로는 비차별적으로 현재 세대뿐만 아니라 미래 세대를 고려한다. 이는 환경문제가 전 지구적 범위에 걸쳐 발생하고 영향을 받기 때문이다. 두 번째 특징은 권리보다 인간과 자연의 관계성에 기반하여 의무와 책임을 먼저 고려하는 비계약성이다. 나의 이익을 위한 권리보다 타인과 공공을 위한 의무와 책임을 강조하며, 조건과 대가 없이 행해진다. 세 번째 특징은 인간과 자연 간의 비상호호혜성에 기반한 정의, 공감, 배려, 연민 등의 덕성과 가치에 대한 존중이다. 생태시민성은 법률, 계약과 같은 외부적 동기에 의한 것이 아니라, 덕성이라는 내부적 동기에 의해 발생한다. 마지막으로, 사적 영역이 강조된다. 엄밀히 사적/공적 영역을 모두 포괄한 범위를 다루고 있지만, 사적 영역에서의 일상적 실천을 중요시한다. 소비 등 일상의 삶과 기후변화가 긴밀하게 연결되어 있음을 인식하는 공적 영역과 사적 영역 간의 넘나듦이다(Dobson, 2003). 돕슨의 시민성에 대한 새로운 정의는 환경문제가 국경을 초월해서 전 지구적으로 영향을 미치며, 해결 방법과 실행에서도 전 지구적 협력이 필요함을 강조했다. 현세대와 국가, 인간 종이라는 경계를 넘어 생태적 책임의 시간적·공간적·종적 확장을 촉구한 것이다(조미성·윤순진, 2016; 현명주, 2014).

이러한 생태시민성이 여전히 시민성의 한 분야가 될 수 있는가에 대한 여러 비판도 존재하지만(Hayward, 2006; 조미성, 윤순진, 2016), 현재 생태시민성은 환경시민성을 대체하면서 환경교육과 지리교육 등에서 널리 사용되고 있다. 뿐만 아니라 에너지 전환과 관련하여 생태시민성은 '에너지 시민성'과 '과학기술 시민성'이라는 하위분야를 분화시키면서 발전하고 있다.

## 2. 에너지 시민성

1990년대가 환경시민성에서 생태시민성으로의 전환을 촉구하는 주장이 주류를 이루었다면, 2000년대 중반 이후에는 새로운 시민성으로 '에너지 시민성(energy citizenship)'이라는 개념이 출현했다. 사실 에너지 시민성은 새로운 시민성이라기보다는 생태시민성을 보다 구체화한 하위영역의 하나라고 할 수 있다.[4] 에너지 시민성과 유사한 개념으로서 과학기술 시민성(scientific technological citizenship)이 있는데, 이 역시 생태시민성의 하위영역으로 볼 수 있다. 과학기술 시민성은 과학기술 사회 혹은 위험 사회를 배경으로 과학기술 민주주의를 지향하는 시민성이다. 따

4. Devine-Wright(2007)는 에너지 시민성 개념을 내용적으로는 Schumacher의 대안기술과 작은 규모의 발전이라는 가치에서 가져왔지만, '시민성'은 Dobson의 생태시민성에서 분기되어 왔음을 밝히고 있다. 전통적 시민성에서는 시민이 국가에 대해 계약관계를 가지고 책임보다는 권리를 강조하며 덕성을 강조하지 않는 데 비해, 에너지 시민성에서는 생태시민성과 마찬가지로 성찰과 책임을 강조한다. 이러한 성찰과 책임감은 다른 사회적·환경적 영역에서의 성찰과 책임감으로 연결된다. 현실적으로 에너지 시민은 생태시민에 포함될 가능성이 매우 높다(조미성·윤순진, 2016; 현명주, 2014).

라서 생태시민성은 에너지 시민성과 과학기술 시민성보다 포괄적인 개념이며 가장 구체적으로 이론화되어 있다. 이러한 에너지 시민성과 과학기술 시민성은 개념적으로 각각 생태운동과 과학기술 민주화, 대안 적정기술 운동의 역사적 흐름 속에서 정립되어 왔다(이정필·한재각, 2014; 현명주, 2014). 여기서는 생태시민성의 하위분야로서 에너지 시민성에 대해 더 자세하게 살펴본다.

에너지 시민성은 에너지 분야에서의 시민성 발현으로 한정되는 측면이 있다. 공동체 에너지와 에너지 시민성 역시 생태운동과 과학기술 민주화 운동이라는 테두리에서 대안 적정기술 운동에 의해 형성되어 왔다. 전통적인 시민성이 정치공동체(Mitchell, 2009)에서 개인의 구성원 자격의 권리와 의무와 관련되며, 이는 주로 국가를 경계로 한다. 그러나 에너지 시민성 개념은 다양한 규모의 정치공동체 가입과 에너지 흐름에 대한 새로운 형태의 주권을 의미한다(Fast, 2013). 그리고 에너지 시민성은 생태시민성과 과학기술 시민성의 지향과 원칙을 공유하는데, 현재의 제한적인 민주주의를 에너지 영역으로 심화·확장하면서 에너지 전환이라는 시대적 관제에 부합하는 새로운 시민성을 지향하는 것이라고 할 수 있다. 과거 에너지 전환에 관한 연구가 재생가능 에너지 확대 과정에서 시민 참여의 중요성을 강조해 왔다면, 이제는 시민 참여를 에너지 시민성이라는 관점을 통해서 좀 더 구체적으로 분석하려는 시도가 나타나고 있다(이정필·한재각, 2014; 현명주, 2014).

영국의 환경사회학자 Devine-Wright(2007, 63)는 소형 풍력 발전이나 소형 열병합 발전과 같은 분산형 에너지 설비들이 주류를 이루는 에너지 시스템이야말로 시민들이 에너지 관련 행위자가 될 수 있음을 지적하면서, 이런 새로운 행위자 시민의 특성을 '에너지 시민성(energy citizenship)'으로 개념화하였다. Devine-Wright(2007)는 Lovins(1976)의 경성 에너지 경로에서 연성 에너지 경로로 에너지 시스템을 전환하는 과정에서 대중들이 각기 어떻게 가정되고 재현하는지를 분석하면서, 에너지 시민성에 대한 개념을 논의하였다(표 1). 그에 따르면, 중앙집중형 경성 에너지 시스템은 대중을 단말기에서 전기 스위치를 누르는 것을 제외하고는 시스템으로부터 격리된 수동적인 소비자로 재현하고 그에 맞는 역할을 부여한다. 반면 지역 분산형 연성 에너지 시스템은 대중을 에너지와 기후변화와 관련한 영역에서 능동적, 사회 개혁적 시민성을 자각하고 그에 적합한 역량을 발휘하는 시민으로 재현하는데, 이것이 바로 새로운 에너지 시민성이다(이정필·한재각, 2014). 이처럼 기존의 경성 에너지 시스템에서 대중들은 수동적 소비자나 수혜자이지만, 에너지 소비와 기후변

**표 1. 에너지 시스템의 사회적 재현과 에너지 시민**

| 구분 | 경성 에너지 시스템 | 연성 에너지 시스템 |
|---|---|---|
| 기술 | 집중형, 대규모, 자동적, 연결하고 잊어버림(plug in and forget), 경성 에너지, 기술적 접근 | 지역 분산형, 소규모, 사용자 참여, 연성 에너지, 사회기술적 접근 |
| 환경 | 탄화수소 기술 사용 지속(예: 청정 석탄, 탄소 포집 저장), 신규 핵발전 지지 | 재생가능 에너지 사용, 폐기물 소각과 탄화수소와 같은 약한 녹색 에너지 자원 회피, 신규 핵발전 반대 |
| 거버넌스 | 하향식 제도, 사기업 주도, 배제적 대의민주주의, 전문가 지식 중요 | 지방과 지역 제도적 역할을 보장하는 상향식 제도, 지역사회 협동조합과 민간 협력 체계, 포괄적 참여적 민주주의, 시민 지식 중요 |
| 인간 (에너지 시민) | 결핍 상태의 소비자, 무지하고 게으르고 수동적인 존재, 개인으로 고립되어 있고 자기 이해와 개인 효용을 극대화하고 이기적인 가치를 추구, 타율적 성향 | 적극적인 소비자·시민, 의식 있고 동기를 갖고 적극적인 참여적 존재, 사회에 속해 있고 생물권 등의 가치를 중시하는 이타적 성향 |

Devine-Wright, 2007, 79; 이정필, 한재각, 2014 재인용

화를 둘러싼 형평성 문제에 주목해 책임감을 가지며 능동적으로 연성 에너지 시스템으로의 전환을 촉구하고 행동할 때 에너지 시민성이 발현된다(Devine-Wright, 2007).

경성 에너지 시스템에서 연성 에너지 시스템으로의 전환은 재생가능 에너지 기술의 발전과 재생가능 에너지 공급 체제의 출현을 가져와 시민들은 점차 이들 기술에 대한 통제권은 물론 에너지 정치의 주체로서 발전해 가게 되는데 이를 에너지 시민성의 출현으로 부를 수 있다. 그리고 이 체제에서는 지역 에너지 자치 강화에 기초하고 있고 이런 에너지 자치는 궁극적으로 사회의 민주주의 성장에 기여할 수 있다고도 본다(Lovins, 1976; 박진희, 2014).

이처럼 에너지 시민성은 대중들을 지속 가능한 에너지 전환에 민주적으로 참여하게 되는 능동적 참가자들로 보는 관점을 구축한다. 에너지 시민성 개념(Devine-Wright, 2007)은 사람들과 에너지 기술 간의 혼종적 관계, 그리고 사람들이 취할 수 있는 상이한 역할, 즉 사용자(users), 소비자(consumers), 저항가(protesters), 지원자(supporters), 프로슈머(prosumers)로서의 역할을 강조한다. Devine-Wright(2007)는 에너지 시민성에 대한 정의에서 인식(awareness)과 행동(action) 모두를 강조한다. 즉 에너지 시민성은 에너지 의식과 문해력(energy consciousness and literacy)뿐만 아니라 사회적, 정치적 행위자로서의 지속 가능한 에너지 실천(sustainable energy practices)을 강조한다(Hasanov, Zuidema, 2018; Radtke, 2014; Ryghaug et al., 2018).

Devine-Wright(2007)은 대중들이 에너지 시스템의 전개 과정에서 단지 수동적인 소비자에 그치지 않고, 보다 적극적인 능동적인 이해관계자로 등장하여 기후변화와 같은 에너지 소비의 결과에 대한 책임의식과 입지 선정 등과 관련된 환경적 형평성과 정의에 대한 문제의식을 가지고, 궁극적으로 지역 차원에서 재생가능 에너지 프로젝트처럼 대안적인 에너지 행동에 나서는 것을 에너지 시민성으로 개념화한 것이다. 결국 에너지 전환과 에너지 문제의 해결을 위해서는 '지역' 단위로 관심이 좁혀지고 지역단위에서의 공동체로서 역할을 해낼 수 있는 '에너지 시민성'에 주목하게 되었다(현명주, 2014). 분산형 에너지 시스템이 시민을 능동적인 주체로 거듭나게 하고, 시민의 참여를 확대하는 동시에 시민으로서의 책임감을 강화하는 데 유리하다(Devine-Wright, 2007; 홍덕화·이영희, 2014). 이러한 에너지 시민성을 가진 '에너지 시민'은 자기 이해를 벗어나 의사결정의 정당성이나 공정성에 관한 사회적, 정치적 행위자로 행동할 수 있고, 때로 지역사회, 미래 세대, 환경복지에 지방적, 국가적, 지구적 책임감을 느낄 수 있다(Devine-Wright, 2007, 77; Ryghaug et al., 2018; 이정필·한재각, 2014).

이처럼 에너지 시민성이란 에너지 소비자에서 재생가능 에너지 생산자로의 전환뿐만 아니라, 에너지를 둘러싼 논의에 시민 참여가 중요하다는 것을 말한다. 그렇다고 재생가능 에너지가 문제가 없는 것은 아니다. 풍력 발전기가 대형화되고 빠르게 확산되면서 재생가능 에너지의 사회적 수용성 문제가 대두되기 시작했다. 풍력 발전뿐만 아니라 바이오가스 설비 계획을 반대하는 지역 시민 조직들이 생겨나면서 재생가능 에너지 확대 정책 실행 문제가 가시화되었다. 재생가능 에너지 생산에 대한 시민 참여는 2011년 후쿠시마 원전 사고를 계기로 많은 국가들이 원전 폐쇄를 선언하면서 더욱 가시화되고 있다(박진희, 2014).

에너지 시민성을 가진 에너지 시민들은 그저 수동적으로 에너지를 사용하는 소비자가 아니다. 핵발전과 화석연료 기반 거대기술을 비판하면서 소규모 재생에너지 기술을 적극적으로 사용·개선하는 적극적인 주체, 에너지 정책 결정 과정에의 참여를 요구하며 과학기술의 발전 경로에 영향을 행사하는 능동적인 시민들이다. 시민들이 적극적으로 참여하여 에너지 소비를 줄이고 소규모 분산형 전원을 도입하는 시도들을 에너지 전환의 주춧돌로 바라보며 새로운 시민 주체의 등장을 강조한다(홍덕화, 이영희, 2014).

## IV. 시민이냐 소비자냐? 에너지 시민성 다시 생각하기

### 1. 에너지 시민성에 대한 비판적 성찰

앞에서도 언급했듯이, 화석연료에 우선적으로 기반한 에너지 시스템에서 탄소 중립(carbon neutral) 또는 탄소 배출이 없는 탄소 내거티브(carbon negative) 에너지 시스템으로의 전환은 단순히 하나의 에너지원을 다른 에너지원으로 대체하는 것을 넘어선다. 이러한 에너지 전환은 우리의 일상생활에서 삶의 기초를 이루는 전기, 운송, 건설, 폐기물 처리, 음식 생산 등의 사회기술 시스템의 변화를 의미한다. 이러한 사회기술 시스템은 기술적인 하부구조뿐만 아니라 사회적 실천, 통제, 제도, 정보, 문화적 의미, 경제적 네트워크 등을 포함한다(Gram-Hanssen, 2011; Rohracher, 2018; Shove, Warde, 1998). 결과적으로 지속 가능한 탄소 중립 에너지 시스템(sustainable carbon neural energy systems)으로의 전환은 또한 대중의 적극적인 지원을 요구하면서 그들에게 새로운 역할과 책임을 부과한다(Ryghaug et al., 2018; Lennon et al., 2019). 이는 대중들에게 에너지 시민성을 함유한 에너지 시민으로서의 역할과 책임감을 부여하는 것이다.

앞에서 살펴보았듯이 Devine-Wright(2007)가 이미 에너지 시민성을 정의하였지만, '에너지 시민성' 개념에 대한 해석은 다양하다. 대개 선진국에서는 에너지 전환이 '좋은 시민(good citizen)'이라는 규범적 성격으로 왜곡되어 왔다. 에너지 전환에 대한 논의는 주로 미래의 에너지 시스템에 대한 국가 통제주의 및 시장 지향적 결정론(statist and/or market-driven determinations)에 의해 형성된다(Fri, Savitz, 2014). 이러한 접근은 대중들에게 더 효율적으로 에너지를 사용하도록 하고 소비자로서 더 현명하게 선택하도록 하면서 개인의 행동 변화에 특별히 강조점을 두는 경향이 있다(Department of Communications Climate Action and Environment, 2015; Lennon et al., 2019).

이러한 상황에서 '에너지 시민'과 같은 개념은 신자유주의 담론을 반영하는 데 동원되며, 불평등한 행위자와 자원에 대한 접근에 질문하지 못하게 한다. 결과적으로 에너지 전환에서 시민의 역할에 관한 논의는 불평등과 배제에 대한 질문을 무시하는 신자유주의적 담론을 반영하는 경향이 있다. 역설적으로 소비자로서의 시민(citizen-as-consumer) 개념은 대개 시민과 소비자를 연결하지 않고 권력을 부여하지 않는 채 내버려 두는 경향이 있다. 즉 현재의 에너지 시스템은 대다수의 시민들을 행위 주체로 간주하지 않고 있는 문제점을 노출하게 된다(Lennon et al., 2019).

현재의 에너지 담론은 신자유주의에 근거하는 경향이 있다. 신자유주의에 근거한 에너지 담론은 철저하게 개인의 이익과 개인의 행동에 초점을 두며, 시장 지향 패러다임을 따른다(Chilvers and Longhurst, 2016). 자유 시장 이데올로기의 관점에서, 우리는 수동적인 에너지 소비자이며, 궁극적으로 에너지를 생산하거나 우리에게 유용하게 만드는 과정에서 실질적인 행위 주체가 되지 못한다. 이와 같은 좁은 시민성에 대한 정의와 신자유주의적 담론에서 시민과 소비자의 배제는 책임을 정부에서 개인, 즉 시민 소비자에게 전가하려는 일반적인 경향과 일치한다. 에너지 정책이 시민의 역할에 대한 규범적 이해를 약호화하고 개인의 자유, 자율, 그리고 자기 이익에 대한 신자유주의적 가정을 반영하는 경향이 있다. 그 결과, 더 지속 가능한 에너지 시스템을 달성하기 위한 책임의 부담을 개별 시민에게 떠넘기는 동시에, 자원에 대한 시민의 불평등한 접근성 문제를 무시하게 된다. 좋은 시민의 규범적 모델은 현재 에너지 시스템의 시장 주도 패러다임과 국가의 중앙 규제 역할을 강화한다.

따라서 에너지 문제를 개인과 경제에 초점을 두는 신자유주의적 접근에서 벗어날 필요가 있다. 즉 시민성을 에너지 시스템에서의 사회적 참여(social engagement)라는 더 넓은 맥락 내에 재위치시킬 필요가 있다(Defila et al., 2018; Mullally et al., 2018). 에너지 전환이 시민 참가와 참여를 위한 새로운 공간을 열어젖히고 있는 것처럼, 대안적인 미래의 에너지(예, 재생가능한 에너지, 소형 발전기, 능동적인 에너지 소비, 지역 에너지 생산 등 탈중앙집중화된 전기 생산 등)가 출현하고 있다. 이들은 모두 잠재적으로 가정과 공동체가 에너지 생산과 소비에 대한 더 큰 통제력을 가질 수 있는 기회를 제공한다. 이것은 시장의 요구에 따라 분배되는 상품으로서의 에너지(energy as a commodity)로부터 생태적 자원으로서 그리고 사회적 필요성과 집합적 의사결정에 따르는 에너지로의 패러다임적 이동을 위한 가능성을 열어젖힌다(표 2). 표 2는 에너지를 어떻게 재현하느냐에 따라 '시민'이 어떻게 구성되고 권력부여가 어떻게 나타나는지에 차이가 있

표 2. 에너지의 4개 주요 재현들

| 에너지의 유형 | 중요한 속성 | 중심적 가치 | 이익집단 |
|---|---|---|---|
| 상품 | 공급, 수요, 가격 | 에너지 서비스들의 선택, 개인주의, 사적 영역 제공 | 충분한 자원을 가진 에너지 생산자, 소비자 |
| 생태적 자원 | 자원 고갈, 환경적 영향 | 지속가능성, 절약, 미래 세대를 위한 선택, 재생가능한 에너지에 대한 선호 | 미래 세대, 녹색운동 |
| 사회적 필수품 | 사회집단의 필수적 요구를 충족하는 유용성 | 공정, 정의 | 가난한 사람과 다른 취약한 집단 |
| 전략적 물질 | 지정학, 유용한 가정용 대용품 | 국가 군대와 경제적 안보 | 군대, 에너지 공급자 |

Devine-Wright, 2007; Stern and Aronson, 1984, Lennon et al., 2019 재인용

음을 보여 준다(Lennon et al., 2019).

앞에서도 언급했듯이 에너지 시민성에 대한 절대적인 정의는 없다. 그리고 그동안 에너지 시장이 중앙집중적인 구조를 띠어 에너지 시민성 개념은 크게 주목받지 못했다. 그러나 그동안의 에너지 시스템의 전환은 대중을 소비자(consumer)에서 고객(client)으로, 그리고 지금은 에너지 시민(energy citizen)으로 변모시키고 있다. 이러한 변화는 에너지 소비자(energy consumer)를 에너지 공급망(energy supply chain)의 중심에 놓이게 했으며, 이제 에너지 소비자에서 에너지 시민으로 이동해야 한다. 에너지 시민은 새로운 에너지 기술인 재생에너지 시스템에 대해 긍정적일 수 있다. 에너지 시민성은 에너지 정책에서 중심적인 역할을 한다. 에너지 시민성은 지역사회가 에너지 개발 이슈(재생가능한 에너지 이슈)를 수용할 수 있도록 하기 때문에 새로운 세기의 인류의 민주주의 단계이며, 이러한

개발은 지역 주민들에게 어느 정도의 통제력과 경제적 이익을 주는 방식으로 진행될 수 있다(Lennon et al., 2019).

따라서 에너지 시민성을 재개념화하여 개인주의 및 경제적 관점에서 벗어나 신흥 또는 잠재적 집단적 참여 맥락 안에서 찾아야 할 필요가 있다. 집단 참여 방식에는 숙의 민주주의, 풀뿌리 혁신 및 사회 운동이 포함된다(Chilvers and Longhurst, 2016; Hoffman and High-Pippert, 2010; Kunze and Becker, 2015). 결론적으로 에너지 전환 정책은 '개인'에서 '집단'에 초점을 두는 것으로 이동해야 한다.

## 2. 프로슈머주의와 프로슈머로서의 에너지 시민: 탈중앙집중화된 에너지

앞에서 살펴보았듯이 에너지 시민성(Devine-Wright, 2007; Ryghaug et al., 2018) 개념에 의하면, 시민들이 에너지 전환에서 핵심적인 역할을 해야 한다. 에너지 시민성은 기후변화, 공정과 정의, 집단적 에너지 행동을 위한 잠재력을 강조하다(Devine-Wright, 2007, 72). 에너지 시민성을 가진 시민들은 저항과 지지 운동(Fast, 2013)에 참여함으로써 프로슈머(prosumers: 제품 생산에 적극 참여하고 의사를 표현하는 소비자)로서 에너지 전환에 능동적으로 참여하게 된다.

능동적 에너지 시민(active energy citizens)은 에너지 전환을 선도하고, '공동생산'이라는 새로운 문화를 창출하며, 생산과 소비의 실천과 구조를 수행한다. 프로슈머주의(prosumerism: 프로슈머들이 사회적, 경제적, 환경적 이익을 가진 에너지 프로젝트에 집합적으로 참여하는 것)는 하나의 사회운동으로서 기능할 수 있다. 프로슈머 이니셔티브들은 집단적인 능동적 시민으로서 변혁적인 사회운동에 참여한다. 이 운동은 탈중앙집중화된(분산된) 재생에너지 생산과 소비를 옹호하며, 사회적으로 포섭적이고, 투명하며 참여적인 에너지 모델을 지향한다. 프로슈머리즘은 탈중앙집중화된 민주적 에너지 모델을 향한 집합적 행동으로 묘사될 수 있다. 이러한 논의는 프로슈머리즘과 에너지 빈곤(encrgy poverty)과 젠더 이슈를 포함한 에너지 정의(energy justice), 에너지 민주주의, 기후변화 행동, 반핵운동(탈원전)과 밀접한 관련을 가진다.

재생가능 에너지 프로슈머들(renewable energy prosumers)은 재생가능 에너지를 생산하고 자신이 소비하는 데 참여할 수 있고, 에너지 시장에 기꺼이 참가할 수 있으며, 상이한 에너지 부문(전기, 운송, 난방, 냉방)을 횡단하여 에너지 효율성 지원(energy efficiency support)과 같은 서비스를 제공하는 데 기꺼이 참여할 수 있는 능동적 에너지 시민(active energy citizens)이다. 비록 프로슈머가 되는 것이 집합적 프로젝트에 참여하는 것을 요구하지는 않지만, 집단적으로 참여할 수 있는 다양한 활동들이 있다. 예를 들면, 재생가능 에너지 협동조합(renewable energy cooperatives) 참여, 로컬적인 집합적인 자기소비 계획(local collective self-consumption schemes)의 설정, 시장 협력사(market aggregators: 여러 회사의 상품이나 서비스에 대한 정보를 모아 하나의 웹사이트에서 제공하는 인터넷 회사, 사이트)로서 행동, 다양한 에너지 공동체로부터 잉여 에너지 판매, 다양한 조직적 의사결정 구조 채택, 로컬 에너지 수요에 시민 주도 반응 제공 등이다. 탈중앙집중화된 재생가능 에너지 시스템은 더 민주적 에너지 시스템을 향한 사회적 운동(이동)으로서 프로슈머리즘의 출현 기회를 제공한다(Campos, Marín-González, 2020).

그렇다면 프로슈머리즘이 사회운동으로 간주될 수 있을까? 앞에서도 언급했듯이 프로슈머 이니셔티브들은 에너지 정의, 에너지 민주주의, 기후변화 행동 운동, 반핵운동, 연대경제(solidarity economy), 페미니스트 운동과 같은 프레임을 채택한다. 프로슈머리즘은 탈중앙집중권화되고 민주적인 재생가능 에너지 시스템을 향한 하나의 운동이다. 이 운동은 기후변화와 환경적 행동 운동과 밀접하게 상호작용한다. 프로슈머리즘들은 원자력발전소가 여전히 존재하는 국가들에서 원자력 에너지의 종말을 요구한다. 비록 화석연료가 지구시스템의 생태적 균형을 천천히 파괴하고 있지만, 원자력은 빠르고 광대한 파괴 잠재력을 가지고 있다. 재생가능한 새로운 에너지 패러다임이 요구되며, 그곳에서 에너지는 더 안정하고 더 공정하다.

집단적으로 행동하는 프로슈머들은 에너지 전환의 궤적에 영향을 줄 수 있고, 더 중앙집중화되고, 민주적이며, 포섭적이고, 공정하며, 지속 가능한 에너지 모델을 향한 변화의 행위 주체로서 역할을 할 수 있다. 능동적인 에너지 시민은 에너지 시장을 급진적으로 변화시키는 데 목적을 두고, 경제적 및 환경적 지속가능성을 보장하면서 사람들의 요구를 수용하는 새로운 생산과 소비 문화를 생산하는 데 참여한다.

## V. 물질적 참여를 통한 에너지 시민성의 실천

그렇다면 에너지 시민성은 어떻게 실천할 수 있을까? Ryghaug et al. (2018)은 물질적 참여(material participation)를 통한 에너지 시민성의 실천을 주장했다. 이를 위한 전제는 인간을 에너지 소비자에서 프로슈머리즘과 프로슈머로서의 에너지 시민으로 전환하는 것이 필요하다. 그리고 물질적 참여를 통한 에너지 시민성의 실천은 전통 키보드, 전기자동차, 가정용 그리드(가정용 스마트 에너지 기술), 태양광 지붕 패널, 스마트 시티, 스마트 캠퍼스의 구현 등을 통한 일상적 에너지 시민성(mundane energy citizenship), 물질 기반 에너지 시민성(material-based energy citizenship)으로 더욱 구체화할 수 있다. 저탄소 에너지 시스템으로 전환하기 위해서는 본질적으로 시민과 대중의 참여가 있어야 한다. 최근까지 에너지 사용자들은 종종 소비자와 수동적인 시장 행위자로, 또는 중앙집중화된 시스템 주변부에서 단순히 기술을 수용하는 사람들로 취급받아 왔다.

에너지 전환에 있어서 민주주의, 권력 부여, 시민의식, 대중의 역할 등은 중요하다. 그러나 에너지 시스템에서 시민 또는 대중은 전형적으로 원자력, 화력, 가스 또는 수력발전에 기반한 중앙집중적인 시스템의 주변부에서 기술에 대한 소비자와 수동적 수용자로 개념화되어 왔다(Devine-Wright, 2007; Schot et al., 2016).

최근 로컬의 참여 없는 하향식, 중앙집중화된 계획은 비판을 받는 반면, 공동체 에너지 이니셔티브와 공유된 소유권 모델은 더 높은 대중의 지지를 받고 있다(Goedkoop, Devine-Wright, 2016). 그럼에도 불구하고, 재생가능한 에너지 개발에 참여하는 계획가들, 산업 및 다른 이해당사자들은 대중을 일반적으로 새로운 개발에 적대적인 것으로 상상하는 경향이 있다. 이러한 관점에서 대중 참여는 예상되는 이러한 난간에 대처할 수 있는 도구로 간주되어 왔다(Barnett et al., 2012).

앞에서 설명했듯이, 시민들이 에너지 전환에 참여할 수 있는 것은 물질적 참여(전기자동차, 가정용 스마트 에너지 기술, 지붕용 태양광 패널)를 통해서 가능하며, 이를 통해 일상적 에너지 시민성을 형성할 수 있다. Paulos and Pierce(2011, 8)에 의하면, 에너지 생산과 소비에 능동적 시민 참여는 에너지를 만질 수 있고 볼 수 있게 함으로써 성취될 수 있다. 즉 '물질적 참여'의 개념와 잘 호응하는 물질적 대상(material objects)을 통하여 에너지에 형태와 의미를 제공함으로써 성취될 수 있다.

그렇다면 일상적인 에너지 시민성의 실천을 가능하게 할 수 있는 '물질적 참여'에 대한 이론적 배경을 더 자세하게 살펴보자. 물질적 참여의 개념은 Latour(2005)의 '사물정치(Dingpolitik)(또는 현실정치: Real Politik)'에 영감을 받은 과학기술사회학(STS)으로부터 발전된 것이다(Marres, 2012). 물질적 참여는 고안물 또는 사물 중심 관점이며, 참가에 있어서 기술과 물질의 역할에 초점을 둔다. 에너지 효율이 큰 전구 또는 스마트 미터(smart meters)와 같은 물질에 대한 대중 참여를 언급하면서 Marres(2012)는 대중 참여는 환경적 문해력(envrionmental literacy)의 관점에서, 그리고 일상적인 물질적 실천의 관점에서 수행으로 이해될 수 있다고 주장한다. 전기 끄기, 전기차 몰기, 세탁하기 등과 같은 간단한 일상적 실천은 '환경에 참여하고 행동하는 방식'이 될 수 있다(Marres, 2012, 66). 비가시적 에너지(invisible energy)를 가시적인 것으로 만드는 데 기여하는 기술은 에너지에 대한 인식을 증가시키고, 환경적 행동을 공동생산을 할 수 있다. 물질적 참여의 기술은 다양한 유형의 참여와 참가를 공동생산할 수 있다. 일상적인 에너지 시민성은 주로 세 가지 프로세스를 통해서 공동생산된다. 그 세 가지 프로세스는 1) 인식의 형성, 2) 새로운 지식과 문해력의 형성, 3) 새로운 행동과 실천이다(Ryghaug et al., 2018).

이상과 같이 물질적 참여(Marres, 2012)는 저탄소 에너지 전환에 참여하는 에너지 시민성(Devine-Wright, 2007)을 공동구성할 수 있다.

# VI. 에너지 정의와 에너지 빈곤

환경 정의(environmental justice) 개념은 미국에서 소수 인종이 환경 파괴로 부당하게 영향을 받는 데서 유래했다. 최근 환경과 관련한 논쟁에서 환경 정의의 두 하위개념인 기후 정의(climate justice)와 에너지 정의(energy justice)가 등장했다. 기후 정의와 에너지 정의가 환경 정의로부터 유래한 것처럼, 사람들이 환경문제에 직면했을 때 불평등을 경험하게 되는 것을 반영한다. 기후 정의와 에너지 정의는 환경문제로 인한 결과에 소수자들을 포섭하고 공정한 미래 저탄소 에너지 전환을 구축하겠다는 의지를 내비친 것이다. 그러나 기후 정의와 에너지 정의는 비교적 최근에 생겨난 용어이기에 이를 둘러싼 논란이 존재한다(Biros et al, 2018; Heffron, McCaulley 2017; Jamison, 2010).

최근까지 전 세계적으로 많은 관심을 보이고 있는 것이 기후변화 또는 기후 위기이다. 기후변화는 1970년대와 1980년대의 환경운동의 맥락에서 대중의 관심사로 처음 등장했고, 1980년대와 1990년대에 신보수주의 및 신민족주의 운동으로 인해 이에 대한 회의론이 상당한 부분 형성되었다. 1990년대와 2000년대 신자유주의 운동은 최근의 기후변화에 대한 대중의 관심이 가장 중요한 정치적 문제로 대두되는 데 일조했다. 최근에는 기후변화에 대한 논의에서 한발 더 나아가 '기후 정의' 문제로 확장되고 있다. 최근 몇 년간 기후변화 지식의 제3의 형식으로 '기후 정의'에 대한 사회적 맥락을 제공한 것이 이른바 '반세계화 운동'이다(della Porta, 2007; Chawla, 2009).

최근 기후 정의 운동은 글로벌 정의(global justice)를 위한 광범위한 운동의 일부로 언급되기 시작했다. 글로벌 정의 운동은 1990년대 후반의

반세계화 시위 이후 나오미 클라인에 의해 만들어진 용어인 '운동의 운동'으로 특징지어져 왔다. 기후 정의를 위한 운동의 필요성에 대한 전 세계의 인식이 대두되고 있지만, 적어도 이 운동이 무엇을 해야 하고 어떻게 조직되어야 하는지에 대한 합의는 거의 없는 실정이다.

앞에서 언급했듯이, 에너지 정의는 기후 정의와 함께 환경 정의의 하위 요소 중의 하나이다(Heffron, McCauley, 2017). 원자력발전소에서 제공되는 원자력은 로컬 공동체 밖에서 공급되어, 환경 정의 또는 에너지 정의 담론으로 확장될 수 있다. 또한 안전과 방사성 폐기물 관리와 관련된 쟁점들도 환경 정의 또는 에너지 정의를 불러일으킨다.

'에너지 정의'는 현재 에너지 연구를 하는 많은 학문 분야에서 사용되고 있는 개념이다. 에너지 정의 개념은 최근 10년 동안 많이 발전되어 왔으며, 현재 매우 가속화되고 있다(Heffron, McCauley, 2017; Jenkins et al., 2017). 에너지 정의는 매우 제한적이긴 하지만 연구 분야보다 상업 및 공공 부문과 같은 비학문적인 일상생활에서 훨씬 더 오랫동안 사용되어 온 용어이다(Heffron, McCauley, 2017). 에너지 정의 개념은 연료 및 에너지 빈곤을 종식하기 위해 NGO나 자선단체에서 주로 사용해 왔다.

에너지 정의라는 용어는 2010년 "에너지 정의 및 지속 가능한 개발(energy justice and sustainable development)"이라는 제목의 논문에서 처음 사용되었지만, 이 논문은 에너지 정의보다는 지속 가능한 개발에 관한 것이다(Guruswamy, 2010). 2013년 "에너지 정의 및 윤리 소비: 비교, 종합 및 교훈 도출(energy jusitce and ethical consumption: comparison, synthesis and lesson drawing)"이라는 제목의 논문에서는 에너지 정의 개념 자체를 다루지 않으며, 저자도 이에 대한 정의가 없다고 주장한다(Hall, 2013). 그 후 2013년 말에 출판된 《기후변화에서의 에너지 정의

(Energy Justice in a Changing Climate)》라는 책이 출판되었다. 그러나 에너지 정의 개념 자체를 탐구하는 데 강조점을 두는 게 아니라, 기후변화와 관련된 다른 문제에 초점을 두었다. 에너지 정의는 그 개념이나 의미가 완전히 논의되지 않았기 때문에 다소 제한된 관점으로 사용되었다(Bickerstaff et al., 2013; Heffron, McCauley, 2017).

에너지 정의 개념은 크게 두 가지 측면에서 규정된다. 첫째, McCauley et al.(2013)은 처음으로 에너지 정의를 세 가지 중심 원칙을 가진 것으로 정의했다. 그것은 에너지 시스템에 적용되는 분배적 정의(distribution justice), 절차적 정의(procedural justice) 그리고 인정 정의(recognition justice 또는 justice as recognition)이다. 둘째, Sovacool et al.(2015)은 에너지 정의에 대한 원칙적인 접근방식을 8가지 핵심 원칙에 기반하는 것으로 발전시켰다. 그것은 가용성(availability), 경제성(affordability), 적법 프로세스(due process), 투명성 및 책임성(transparency and accountability), 지속가능성(sustainability), 세대 간 형평(inter-generational equity), 책임성(responsibility)이다. 이것들이 에너지 정의를 하나의 개념으로 정의한 두 가지 틀이다(Heffron, McCaulley, 2014; Jenkins et al., 2014). 이렇게 규정된 에너지 정의 개념은 서로 경쟁하면서 동시에 서로를 보완한다(Heffron, McCauley, 2017).

한편 에너지 정의와 관련하여 중요하게 다루는 개념이 '회복적(복원적) 정의(restorative justice)'이다. 부정의(injustice)가 발생한 후 사회로부터 회복적 정의가 생겨났다. 회복적 정의는 사람들(또는 사회/자연)에 가해진 피해를 복구하는 것을 목표로 한다. 게다가 회복적 정의는 예방이 필요한 곳을 정확히 찾아내는 데 도움을 줄 수 있다. 회복적 정의는 사회가 부정의에 어떻게 대응해야 하는지에 대한 단서를 제공한다(Heffron, McCauley, 2017).

지속 가능 발전과 같은 에너지 문제에 대한 교육은 1992년 유엔환경개발회의의 실행 계획인 의제 21의 제36장(교육, 공공의식 및 훈련 촉진)에서 강조한다. 에너지 분야가 환경에 미치는 영향을 줄이기 위해서는 에너지 및 지속가능성 문제에 대한 교육이 훨씬 더 필요하다. 이제는 학생들이 지구에 가해진 잘못을 바로잡고 에너지 자원의 사용을 개선할 수 있는 방법을 교육해야 할 때이다. 즉 사람들이 에너지 문제에 대한 교육을 정책 수립으로 전환하기 시작해야 할 때이다(Heffron and McCauley, 2017).

1970년대부터 강조된 환경 정의와 1990년대 논의가 시작된 기후 정의 개념의 등장 이후에도 세계는 여전히 이전보다 더 많은 이산화탄소를 배출하고 있다. 환경 및 기후변화 정의가 이산화탄소 배출량 감소 측면에서 제한적인 영향을 미친 것은 분명하다. 기후변화의 영향이 전 세계적으로 경험되고 있다. 전 세계에서 겪고 있는 이상 기후의 증가는 말할 것도 없다(Heffron, McCauley, 2017). 환경 정의와 기후 정의는 환경 위험을 제거하는 것이 아니라 환경 및 기후변화의 분배에 초점을 맞춘다. 에너지 부문은 세계 모든 사람의 일상생활에 영향을 미치고, 에너지 부정의(energy injustice)는 어떤 수준에서 인권 유린을 초래한다. 에너지 정의 개념은 더 공정하고 공정한 의사결정을 통해 에너지 분야의 연구와 실천이 발전하고, 이에 따라 사회 평등 회복에 기여할 수 있는 도구로 활용되는 것이 중요하다(Heffron, McCauley, 2017). 저비용 및, 또는 효율성에 초점을 맞춘 경제 발전은 화석연료에 대해 지속적으로 의존하게 했으며, 그 결과 저탄소 에너지 인프라 구축 또는 저탄소 경제 개발은 에너지 정책에서 부차적인 관심사였다. 그리하여 세계에너지위원회(WEC)는 에너지 안보, 환경적 지속가능성, 에너지 형평성을 강조하게 되었다(Heffron, McCauley,

2017).

## VII. 학교교육에서 에너지 교육의 방향

### 1. 생태적 역량 함양을 위한 에너지 교육

지금까지 살펴본 에너지 시민성은 학교교육을 위한 새로운 패러다임을 요구한다. 지금까지 학교교육이 학생들에게 에너지를 하나의 자원으로 상정하고 생산과 분포 그리고 이동의 측면에서 계량적인 실증적 사고에 초점을 두어 왔다면, 앞으로의 에너지 교육은 에너지 시민성 함양에 초점을 두어야 한다(Kandpal, Garg, 1999). 즉 에너지 교육은 생태적 시민성의 하위영역 중의 하나인 에너지 시민성의 발달을 촉진할 수 있어야 한다. 에너지 시민성 교육은 국가의 에너지 정책 및 중앙집중적 에너지 시스템, 그리고 자원으로서 에너지를 가르치는 것을 넘어 학생들이 단순히 에너지 소비자가 아니라 생태적 지속가능성을 위해 재생가능한 에너지 생산과 소비에 직접 참여할 수 있는 역량을 길러 주어야 한다. 왜냐하면 지리 및 과학 교과서의 에너지 관련 내용에 반영된 담론은 정치적으로, 경제적으로 권력을 부여받지 못한 사회 구성원들의 관심(이익), 권리, 가치에 대한 고려를 보여 주지 않기 때문이다(Dryzek, 1997; 김고운, 2013). 따라서 대안적 에너지 교육은 다양한 집단이 에너지에 대해 가진 다양한 관점이 격려되고 공정한 참가가 이루어지도록 학습 과정을 풍요롭고 다양화해야 한다. 그리고 에너지 교육은 학생들에게 '생태적 합리성(ecological rationality)'의 이름으로 '산업적 또는 자본주의적 합리성에 도전하는 그들의 생태적 역량(ecological competence)'을 발달시킬 수 있는 기회를 제공해야 한다(Torgerson, 1999).

인간은 인구와 문화를 지속하기 위해 자연으로부터 연료와 원료를 공급받고 있다. 인간은 해양, 대기, 산, 계곡, 육지, 강, 삼림 등을 비롯한 생태적 구성요소의 단지 작은 일부분에 지나지 않는다(Odum, 2007). 우리 인간은 자연과 별개가 아니라 자연의 일부인 셈이다. 이러한 사고를 생태적 공감과 합리성(ecological empathy and rationality)이라고 할 수 있으며, 환경 정의를 기본적인 덕목으로 간주하는 생태적 시민성의 형성으로 이어질 수 있다(Dobson, 2003). 그러므로 에너지 교육은 유한한 지구에서 인간과 자연의 지속가능성에 기여해야 한다. 그리고 에너지 교육은 학생들로 하여금 생태계와 인간사회에 대한 반성적이고 홀리스틱한 이해로부터 지속가능성 쟁점들에 접근하도록 하고, 자연과 인간의 관계에 대한 통합적 이해로부터 에너지의 미래를 비판적으로 사고할 수 있도록 해야 한다. 뿐만 아니라 에너지 교육은 학생들로 하여금 글로벌화된 시스템의 우세한 권력 구조를 유지하는 데 관심을 가진 사람들을 비판적으로 바라볼 수 있게 한다(김고운, 2013).

### 2. 능동적이고 실천적인 에너지 시민성 교육

에너지 시민성 교육은 에너지에 대한 비판적 사고에 기반한 인식론적 관점에서 이루어질 필요도 있지만, 궁극적으로는 능동적이고 실천적인 에너지 시민성 교육으로 나아가야 한다. 그렇다면 에너지 시민성 교육이 어떻게 능동적이고 실천적인 방향으로 확장될 수 있을까? 그 해답은 앞에서 논의한 '일상적인 에너지 시민성' 또는 '물질 기반 에너지 시민성'에 초점을 둔 교육을 통해서 가능하다. 일상생활에서 단순히 에너지를 소비하는 소비자가 아니라, 에너지를 소비할 뿐만 아니라 생산하기도 하는 프로슈머로서 에너지 시민을 양성하는 것이다.

에너지 시민성은 에너지 관련 텍스트에 대한 비판적 읽기를 통해 교실 안에서 가르치고 배울 수도 있지만, 교실 밖에서 '생생한 경험(lived experience)'을 통해서 더 잘 습득될 수 있다(Dobson, 2003, 205). 생태시민성을 비롯한 에너지 시민성 함양 교육은 교사에 의한 에너지 관련 지식의 전달과 지시적인 방식보다는 학생들이 실제 에너지를 둘러싼 쟁점들을 해결하기 위해 그들의 일상생활에 직접 참여하여 실천함으로써 더욱더 잘 획득할 수 있다(Bull et al., 2008; Crick, 1999; 조미성, 윤순진, 2016).

Gough, Scott(2006)은 환경시민성을 학습하는 세 가지 유형을 제시하고 있는데, 이는 에너지 시민성을 학습하는 방법에도 충분히 활용 가능하다. 왜냐하면 앞에서 살펴보았듯이 에너지 시민성은 환경시민성의 하위 분야에 속하기 때문이다. 첫 번째 유형은 가장 전통적인 유형으로 환경 지식이 곧 환경문제 해결을 위한 행동으로 이어질 것이라는 가정하에, 지식과 정보 습득에 힘을 쏟는 것이다. 두 번째 유형은 사회비판이론과 연결된 것으로, 환경문제의 배후에 있는 사회적 진실에 눈을 뜨고 나서 시민성을 획득하고 집합적 행위(collective action)를 통해서 실천한다는 가정을 바탕으로 접근하는 것이다. 세 번째 유형의 학습은 서로 경쟁적인 관점들이 함께 존재하는데 결말을 열어 두면서 학습자의 선택을 중시하는 것이다. 첫 번째 유형에서 세 번째 유형으로 갈수록 더 실천적이고 능동적인 에너지 시민성 학습이 가능하다고 할 수 있다(조미성, 윤순진, 2016).

이를 적용하면 에너지 시민성 교육은 학습자들에게 관련 지식이나 해결책을 전달하는 차원을 넘어 관련 내용을 비판적으로 사고하여 판단하고, 궁극적으로 자신의 생활 속에서 실천과 행동하는 방향으로 이루어져야 한다. 즉 학습자가 속한 사회와 문제의 맥락 속에서 임시적이고 가변적인 해결책을 모색하면서 변화해 가는 것이 바로 생태세계와 사회와의 공진화(coevolution) 관점이다(Gough, Scott, 2006). 공진화적인 학습의 구체적인 형태를 구상하려면, 공동체에 참여하면서 상호 간의 관계와 정체성을 형성하는 과정으로 이해하는 상황학습 관점이 필요하며(Nikel, 2008), 이때 상황학습의 핵심적인 요소는 사회적 상호작용이며, 학습자들은 단순히 개인 수준에서 지식을 내면화하는 것이 아니라, 실행공동체(community of practice)의 일원으로 참여해 실천을 통해 학습한다(Lave, Wenger, 1991).

에너지 학습은 개인이 속한 조직공동체와의 끊임없는 상호작용과 맥락 안에서 이루어져야 한다. 더욱이 환경문제를 개인의 일로 귀착시키고 환경학습을 개인적 차원에서만 바라보게 되면 주요한 환경문제의 원인이 되는 구조를 간과하게 된다(Clover, 2002). 따라서 에너지 시민성이 어떻게 학습되는지를 이해하기 위해서는 가변적인 과정적 관점과 집합적이고 사회적인 관점을 동시에 견지하는 것이 필요하다(조미성, 윤순진, 2016). 에너지 시민성 교육은 학생들에게 긍정적으로 자신의 삶을 성찰하고 변화를 이끌어 내도록 하면서 가능한 참여의 기회를 제공하여 지역공동체의 사회적 학습과정을 증진할 필요가 있다.

학생들의 환경과 지속가능성에 기반한 에너지 소비 행동은 교육을 통해 촉진될 수 있다. 교육이 학생들로 하여금 에너지 시민성을 함양한 에너지 시민(energy citizen)으로 성장시키기 위해서는 그들에게 합리적이고 친환경적인 에너지 자원의 소비를 위한 행동 변화를 촉진해야 한다.

공식적이거나 비공식 학교 환경에서 학습한 상황 지식(contextualized knowledge)은 학생들로 하여금 일상생활에서 에너지 소비에 대한 비공식적 방법, 개념 및 태도를 함양하도록 하여 행위 주체성을 가지고 자신의 환경에서 행동할 수 있도록 한다(Devine-Wright, 2007).

한편 실천적인 에너지 시민성 교육은 학교 공간을 통해서도 이루어질 수 있다. 특히 학교의 에너지협동조합[5] 운영을 통해서다. 에너지협동조합이 특히 학교라는 공간에 태양광을 설치하게 될 경우, 학교 내 구성원들에게 에너지에 대한 인식 변화를 가져온다. 에너지 시민성은 사람들이 에너지 소비자에만 머물 것이 아니라, 에너지 생산자로서의 인식을 자각하고 이를 위한 행동에 직접 나서는 것을 의미한다(양수연, 2015).

### 참고문헌

김고운, 2013, 한·중·일 교과서 속 에너지 관련 내용에 대한 비판적 담론 분석, 서울대학교 환경대학원 석사학위논문.

박진희, 2014, 에너지 시민성과 재생가능 에너지, **한국환경사회학회 학술대회 자료집**, 39-55.

5. 전국 각지에는 시민 햇빛발전소가 있으며, 이 가운데 학교에 태양광을 올린 학교는 14개다. 그중 에너지협동조합 형태로 학교에 태양광을 올린 학교는 '상원초등학교'와 '삼각산고등학교' 2개소다. 두 학교 모두 혁신학교이며, 학부모와 교사, 학생 일부분이 조합원으로 참여하여 학교에 태양광을 올리게 되었다. 학교가 교육의 장소이자 체험의 장소로 기능하기 때문에, 에너지 교육의 산실이 된다. 협동조합의 기본적인 특징 중 하나는 '조합원 교육'이다. 에너지협동조합에서 태양광 설치를 학교에 하는 경우, 학교 구성원들을 조합원으로서 참여를 독려하며, 조합원 교육 외에 학교 구성원들에게 자연스레 체험과 교육의 장으로서 기능하게 된다. 기후변화특성화수업 등으로 진행하고, 환경교육 및 진로교육과 연계하여 이루어질 수 있다. 학생들은 재생가능 에너지에 대해서는 인식하고 있거나, 과학기술에 대한 강한 믿음을 바탕으로 원자력발전을 옹호하기도 하였다. 학교는 에너지협동조합과의 연계를 통해 '참여'와 '교육'을 통해 에너지 시민성을 길러 내는 공간으로서의 기능을 갖는다고 할 수 있을 것이다(양수연, 2015).

양수연, 2014, 에너지 시민성 교육의 공간으로서의 학교: 에너지협동조합 사례를 중심으로, **한국환경교육학회 학술대회 자료집**, 21–24.
양수연, 2015, 학교 에너지협동조합에서 나타난 에너지 시민성의 형성과 성장: 삼각산고등학교와 상원초등학교를 중심으로, 서울대학교 환경대학원 석사학위논문.
윤순진, 정연미, 2013, 원자력발전에 대한 독일 학교교육 분석, **한국지리환경교육학회지**, 21(3), 197–220.
이정필, 한재각, 2014, 영국 에너지전환에서의 공동체에너지와 에너지시티즌십의 함의, **환경사회학 연구** ECO, 18(1), 73–112.
조미성, 윤순진, 2016, 에너지 전환운동 과정에서의 생태시민성 학습: 서울시 관악구 에너지 자립마을에 대한 질적 사례 연구를 바탕으로, **공간과 사회**, 26(4), 190–228.
조철기, 2022, 에너지 시민성과 에너지 정의를 위한 지리교육, **한국지역지리학회지**, 28(1), 99–117.
현명주, 2014, 에너지 시민성 개념에 대한 고찰, **한국환경교육학회 학술대회 자료집**, 15–20.
홍덕화, 이영희, 2014, 한국의 에너지 운동과 에너지 시티즌십–유형과 특징, **환경사회학연구** ECO, 18(1), 7–44.
Bang, H. K., Ellinger, A. E., Hadjimarcou, J., Traichal, P. A., 2000, Consumer Concern, Knowledge, Belief, and Attitude toward Renewable Energy: An Application of the Reasoned Action Theory, *Psychology and Marketing, 17*(6), 449-468.
Barnett J., Burningham K., Walker G., Cass, N., 2012, Imagined Publics and Engagement around Renewable Energy Technologies in the UK, *Public Understanding of Science*, 21(1), 36-50.
Bickerstaff, K., Walker, G. P., Bulkeley, H. (eds.), 2013, *Energy Justice in a Changing Climate: Social Equity and Low-Carbon Energy*, Zed Books.
Biros, C., Rossi, C., Sahakyan, I., 2018, Discourse on Climate and Energy Justice: a Comparative Study of Do It Yourself and Bootstrapped Corpora, *Corpus*, 18, 1-27.
Bull, R., Petts, J., Evans, J., 2008, Social Learning from Public Engagement: Dreaming the Impossible?, *Journal of Environmental Planning and*

*Management*, 51(5), 701-716.

Campos, I., Marín-González, E., 2020, People in Transitions: Energy Citizenship, Prosumerism and Social Movements in Europe, *Energy Research & Social Science*, 69, 1-14.

Chawla, A., 2009, *Climate Justice Movements Gather Strength, Worldwatch Institute, State of the World 2009,* London: Earthscan.

Chilvers, J., Longhurst, N., 2016, Participation in Transition(s): Reconceiving Public Engagements in Energy Transitions as Coproduced, Emergent and Diverse, *Journal of Environmental Policy and Planning*, 18(5), 585-607.

Clover, D., 2002, Traversing the Gap: Concientizacióon, Educative-activism in Environmental Adult Education, *Environmental Education Research,* 8(3), 315-323.

Crick, B., 1999, The Presuppositions of Citizenship Education, *Journal of Philosophy of Education*, 33(3), 337-352.

Defila, R., Di Giulio, A., Schweizer, C., 2018, Two Souls are Dwelling in My Breast: Uncovering how Individuals in their Dual Role as Consumer-citizen Perceive Future Energy Policies, *Energy Research & Social Science*, 35, 152-162.

della Porta, D. (ed), 2007, *The Global Justice Movement: Transnational and Cross-national Perspectives*, Herndon, VA: Paradigm Publishers.

Department of Communications Climate Action and Environment, 2015, *Ireland's Transition to a Low Carbon Energy Future 2015-2030, Government White Paper on Energy*, Dublin.

Devine-Wright, P., 2007, Energy Citizenship: Psychological Aspects of Evolution in Sustainable Energy Technologies, Murphy, J. (ed.), *Governing Technology for Sustainability*, London: Earthscan, 63-88.

Dobson, A., 2003, *Citizenship and the Environment,* New York, NY: Oxford University Press.

Dryzek, J. S., 1997, *The Politics of the Earth: Environmental Discourses*, New York: Oxford University Press.

Fast, S., 2013, Social Acceptance of Renewable Energy: Trends, Concepts, and Geographies, *Geography Compass,* 7, 853-866.

Fri, R. W., Savitz, M. L., 2014, Rethinking Energy Innovation and Social Science, *Energy Research and Social Science*, 1, 183-187.

Geels, F. W., 2005, The Dynamics of Transitions in Socio-technical Systems: A Multi-level Analysis of the Transition Pathway from Horse-drawn Carriages to Automobiles(1860-1930), *Technology Analysis & Strategic Management*, 17(4), 445-476.

Goedkoop, F., Devine-Wright, P., 2016, Partnership or Placation? The Role of Trust and Justice in the Shared Ownership of Renewable Energy Projects, *Energy Research & Social Science*, 17, 135-146.

Gough, S., Scott, W., 2006, Promoting Environmental Citizenship through Learning: towards a Theory of Change, Dobson, A. (ed.), *Environmental Citizenship: Getting from Here to There*, Cambridge, MA: MIT Press, 263-285.

Gram-Hanssen, K., 2011, Understanding Change and Continuity in Residential Energy Consumption, *Journal of Consumer Culture*, 11(1), 61-78.

Guruswamy, L., 2010, Energy Justice and Sustainable Development, *Colo. J. Int. Environ. Law Policy*, 21.

Hajer, M., 1995, *The Politics of Environmental Discourse. Ecological Modernization and the Policy Process*, New York: Oxford University Press.

Hall, S. M., 2013, Energy Justice and Ethical Consumption: Comparison, Synthesis and Lesson Drawing, *Local Environment*, 18 (4), 422-437.

Hasanov, M., Zuidema, C., 2018, The Transformative Power of Self-organization: Towards a Conceptual Framework for Understanding Local Energy Initiatives in the Netherlands, *Energy Research & Social Science*, 37, 85-93.

Hayward, T., 2006, Ecological Citizenship: Justice, Rights and the Virtue of Resourcefulness, *Environmental Politics*, 15(3), 435-446.

Heffron, R. J., McCauley, D., 2014. Achieving Sustainable Supply Chains through Energy Justice, *Appl. Energy*, 123, 435-437.

Heffron R. J., McCauley, D., 2017, The Concept of Energy Justice Across the Disciplines, *Energy Policy*, 105, 658-667.

Hoffman, S. M., High-Pippert, A., 2010, From Private Lives to Collective

Action: Recruitment and Participation Incentives for a Community Energy Program, *Energy Policy*, 38(12), 7567-7574.

Isin, E. F., Turner, B. S., 2002, Citizenship Studies: An Introduction, Isin, E. F., Turner, B. S., *Handbook of Citizenship Studies 2002*, 1-10

Jamison, A., 2010, Climate Change Knowledge and Social Movement Theory: Climate Change Knowledge and Social Movement Theory, *Wiley Interdiscip. Rev. Clim. Change,* 1, 811-823.

Jenkins, K., McCauley, D., Foreman, A., 2017, Exploring the Energy Justice Nexus, *Energy Policy.*

Jenkins, K., McCauley, D., Heffron, R., Stephan, H., 2014, Energy Justice, a Whole Systems Approach, *Queen's Polit. Rev.*, II (2), 74-87.

Jenkins, K., McCauley, D., Heffron, R., Stephan, H., Rehner, R., 2016, Energy Justice: a Conceptual Review, *Energy Research & Social Science*, 11, 174-182.

Kandpal, T. C., Garg, H. P., 1999, Energy Education, *Applied Energy*, 64(1-4), 71-78.

Kempfert, C., Horne, J., 2013, *Good Governance of the Energiewende in Germany: Wishful Thinking or Manageable?* Hertie School Experts of the German Federal Elections.

Komendantova, N., Riegler, M., Neumueller, S., 2018, Of Transitions and Models: Community Engagement, Democracy, and Empowerment in the Austrian Energy Transition, *Energy Research & Social Science*, 39, 141-151.

Kunze, C., Becker, S., 2015, Collective Ownership in Renewable Energy and Opportunities for Sustainable Degrowth, *Sustainability Science*, 10(3), 425-437.

Latour, B., 2005, From Realpolitik to Dingpolitik, or How to Make Things Public, Latour, B. Weibel, P. (eds), *Making Things Public: Atmospheres of Democracy*, Cambridge, MA: MIT Press, 14-44.

Laugs, G. Moll, H., 2017, A Review of the Bandwidth and Environmental Discourses of Future Energy Scenarios: Shades of Green and Gray, *Renew Sustain Energy Rev*, 67, 520-530.

Lave, J., Wenger, E., 1991, *Situated Learning: Legitimate Peripheral Participation,* Cambridge University Press.

Leach, M., Scoones, I., 2005, Science and Citizenship in a Global Context, Leach, M., Scoones, I., Wynne, B., *Science and Citizens: Globalization and the Challenge of Engagement*, NY: Zed Books, 15-40

Leipprand, A., Flachsland, C., Pahle, M., 2017, Advocates or Cartographers? Scientific Advisors and the Narratives of German Energy Transition, *Energy Policy*, 102, 222-236.

Lennon, B., Dunphy, N. P. P., Sanvicente, E., 2019, Community Acceptability and the Energy Transition: A Citizens' Perspective, *Energy, Sustainability and Society*, 9(35), 1-18.

Loring, J., 2007, Wind Energy Planning in England, Wales and Denmark: Factors Influencing Project Success, *Energy Policy*, 35, 2648-2660.

Lovins, A. B., 1976, *Soft Energy Paths: Towards a Durable Peace*, New York, NY: Harper & Row.

Marres, N., 2012, *Material Participation: Technology, the Environment and Everyday Publics*, London: Palgrave MacMillan.

McCauley, D., Heffron, R. J., Stephan, H., Jenkins, K., 2013, Advancing Energy Justice: the Triumvirate of Tenets, *Int. Energy Law Rev.*, 32 (3), 107-110.

Mitchell, K., 2009, Citizenship, Gregory, D., Johnston, R., Pratt, G., Watts, M., Whatmore, S. (eds), *Citizenship*, Chichester: Wiley and Sons.

Moezzi, M., Janda, K., Rotmann, S., 2017, Using Stories, Narratives, and Storytelling in Energy and Climate Change Research, *Energy Res Social Sci*, 31, 1-10.

Mullally, G., Dunphy, N., O'Connor, P., 2018, Participative Environmental Policy Integration in the Irish Energy Sector, *Environmental Science and Policy*, 83, 71-78.

Nikel, J., 2008, *Differentiating and Evaluating Conceptions and Examples of Participation in Environment-related Learning,* Springer.

Odum, H. T., 2007, *Environment, Power, and Society for the Twenty-first Century: the Hierarchy of Energy*, New York Chichester, West Sussex: Columbia University Press.

Oliveira, W. S., Fernandes, A. J., 2011, Renewable Energy: Impacts upon the Environment, Economy and Society, *Multidisciplinary Journals in Science and Technology, Journal of Selected Areas in Renewable Energy (JRSE), 2*(11), 7-17.

Ottinger, G., 2017, Making Sense of Citizen Science: Stories as a Hermeneutic Resource, *Energy Res. Social Sci.*, 31, 41-49.

Paulos, E., Pierce, J., 2011, Citizen Energy: Towards Populist Interactive Micro-energy Production, *Proceedings of the 44th Hawaii International Conference on Systems Sciences*, Kauai, HI, 4-7 January.

Radtke. J., 2014, A Closer Look inside Collaborative Action: Civic Engagement and Participation in Community Energy Initiatives, *People, Place and Policy*, 8(3), 235-248.

Rohracher, H., 2018, Analyzing the Socio-technical Transformation of Energy Systems: The Concept of 'Sustainability Transitions, Davidson, D. J., Gross, M. (eds.), *Oxford Handbook of Energy and Society*, Oxford: Oxford University Press.

Ryghaug, M., Skjølsvold, T. M., Heidenreich, S., 2018, Creating Energy Citizenship Through Material Participation, *Social Studies of Science*, 48(2), 283-303.

Schot, J., Kanger, L., Verbong, G., 2016, The Roles of Users in Shaping Transitions to New Energy Systems, *Nature Energy*, 1(5), 16054.

Shove, E., Warde, A., 1998, *Inconspicuous Consumption: The Sociology of Consumption and the Environment*, Lancaster: Lancaster University Department of Sociology.

Sovacool, B. K., Linnér, B., Goodsite, M. E., 2015, The Political Economy of Climate Adaptation, *Nature Climate Change*, 5(7), 616-618.

Sovacool, B. K., Ryan, S., Stern, P., 2015, Integrating Social Science in Energy Research, *Energy Res Social Sci*, 6, 95-99.

Stern, P. C., Aronson, E., 1984, *Energy Use: The Human Dimension*, New York: W.H. Freeman & Company.

Stirling, A., 2014, Transforming Power: Social Science and the Politics of Energy Choices, *Energy Re Social Sci*, 1, 83-95.

Sustainability Transitions Research Network(STRN), 2010, A Mission Statemnet and Research Network, the Steering Group of the STRN, 20th

August 2010.

Szulecki, K., 2018, Conceptualizing Energy Democracy, *Environmental Politics,* 27(1), 21-41.

Thompson, M., Ellis, J. R., Wildavsky, A., 1990, *Cultural Theory*, Boulder: Westview Press.

Torgerson, D., 1999, *The Promise of Green Politics: Environmentalism and the Public Sphere*, Duke University Press Books.

Walker, G., 2011, The Role for 'Community' in Carbon Governance, *Wiley Interdisciplinary Reviews-Climate Change*, 2(5), 777-782.

Westerhoff, L., Robinson, J., 2013, Pricing Narratives: Exploring the Meaning and Materiality of Climate Change, *Conference: Transformation in a Changing Climate*, Oslo.

3장

# 지속가능사회와 시민

**김다원**
광주교육대학교 사회과교육과 교수

# I. 들어가며

지속가능발전은 지속 가능한 미래 사회를 열어가는 데 필요한 개념인 동시에 현재의 글로벌 사회 문제 해결을 위한 방향을 제시해 주기도 하기 때문에 이 시대 시민에게 요구되는 실천적 개념이라고 할 수 있다. 오늘날 지구상의 인구는 약 78억 명 이상을 기록하고 있다. 매년 8000만 명 정도의 인구가 증가하고 있다. 한정된 '지구'라는 물리적 환경 안에서 살아가는 사람들은 계속 증가할 것이라는 전망을 하게 한다. 그리고 사람들은 거주지를 확대할 것이며 먹거리 생산을 위한 경작지도 확대할 것이고 더 높은 수준의 삶의 질을 추구하기 위해 여러 유형의 인문환경을 더 많이 만들어 갈 것이다.

이러한 상황에서 지속가능발전은 지구의 물리적 환경을 보호하고, 포용적이고 정의로운 글로벌 사회 환경을 마련하고, 공정하고 지속 가능한 경제성장을 추구하여 지속가능사회를 만들어 가는 데 필요한 핵심 개념이며 좋은 사회, 좋은 미래는 무엇인지를 정의해 주는 기준이 된다. 좋은 사회, 좋은 미래는 웰빙을 가져다 주는 사회이면서 포용적인 사회, 생물다양성이 보전되고 환경의 지속가능성이 유지되는 미래의 사회라고 말한다(제프리 삭스, 홍성완 역, 2015).

사람들이 만들어 가는 사회적 환경은 자연환경에 기반해서 발달한다. '자연의 서비스'라고 부르는 자연의 혜택에 의존하여 여러 가지 생활 문화를 만들어 간다. 그런데 사람들은 사회환경의 토대가 되는 자연환경을 제대로 알고 보호하려는 노력을 충분히 하지 않았다. 이렇게 자연환경에 대해 소극적 관심과 무관심이 가져온 결과에 대해서 1972년에 로마클럽에서는 〈The Limits to Growth(인류의 위기)〉 발간을 통해 구체적으로 경고하였다. 이후 유엔을 중심으로 국제사회에서는 지구환경에 대한 관심과 보호를 위한 실천적 노력의 절실함과 이에 대한 교육의 필요성을 제시해 왔다. 그럼에도 불구하고 오늘날 우리는 지구환경의 개선보다는 매년 올라가는 지구 온도를 보고 있고 이로 인해 지구촌 곳곳에서 나타나는 심각한 환경 재해를 겪고 있다. 연중 빙하로 덮여 있어야 할 그린란드의 여름 기온이 관측 이래 처음으로 눈 대신 비가 내렸고 2011년부터는 연중 영하 기온에 머물던 이곳에 영상 기온이 측정되기 시작하였다. 그리고 남극의 여름철 기온도 영상 3도 이상을 기록하는 날이 많아지고 있다고 한다.

우리 주변 생활을 보더라도 폭염과 가뭄에 농작물이 타고 기온 상승과 집중 호우 등 기후환경의 변화로 인해 농작물의 수확량이 감소하고 농작물 재배지를 바꿔야 하는 상황을 보고 있다. 수산물도 수온 상승에 따라서 어종의 변화가 나타나고 있다. 전문가들은 기후변화와 식량 위기는 밀접하게 관련되어 있어서 기후변화가 지속되면 인류의 식량 안보는 큰 위험에 처하게 된다고 경고한다. 2019년 12월에 발생하여 현재까지 세계에 재앙적 피해를 가져오고 있는 코로나19는 그간 더 지구환경보호에 더 적극적이지 못했던 지구촌 사회에 더 큰 경고를 보내고 있는 것이라고 할 수 있다.

우리는 늘 변화와 성장을 꿈꾸며 자연환경을 새로운 사회환경으로 바꾸어 간다(자료 1). 그런데 경제적 성장이 늘 좋은 결과를 가져오는 것은 아니다. 우리나라에서 진행된 경제성장의 과정에서 나타난 현상들을 살펴보면, 도시 증가와 도시로의 인구 밀집과 편의시설의 집중, 촌락의 축소와 인구 감소, 2·3차 산업 중심 증가와 1차 산업 감소 등으로 정주 공간에서 인구 밀집과 인구 희박 지역으로 장소의 분리 현상이 나타날 뿐 아니라, 인류 생존을 위한 1차적 자원이라고 할 수 있는 농어업 인구의 비중 감소와 도시로의 대규모 이동으로 인해 '고향'이라는 생활 터전이 상실되고 가족의 해체와 유형 변화가 나타나고 있으며, 지역 간 경제적 소득 불균형 문제 등이 발생하였다. 또한 도시에서는 인구 밀집과 각종 시설의 집중으로 인한 도시환경의 오염과 환경 훼손으로 질병이 만연하고 정신적 스트레스로 고통스러워하는 사람들이 증가한 반면, 촌락에는 인구 감소와 고령화로 인해 정주 공간으로서의 가치를 상실할 위험에 처해 있다. 경제적인 성장은 이뤘다 하더라도 사회적 통합과 환경적 지속가능성을 확보하는 데는 실패하고 있다는 것을 보여 주는 사회현상들이다. 이 시대 인류는 경제성장의 영향력을 통해 지구환경뿐 아니라 사회적 통합을 심각하게 훼손하고 있다.

그런데 다행히 오늘날에는 경제 발전과 지역개발에서 환경 훼손과 탄소 배출을 최소화하고 오히려 환경을 쾌적하게 보전하는 데 많은 관심을

**〈자료 1〉 만경강과 동진강 하구의 갯벌에서 새만금 간척지로 변화**

새만금 간척사업은 우리나라에서 진행된 세계 최대의 간척사업으로 알려져 있다. 1991년에 시작되어 2006년에 만경강과 동진강 하구와 바다를 완전히 차단하는 물막이 공사가 이뤄졌고 2010년에 준공되었다. 농경지, 첨단산업단지, 관광레저단지, 국제협력단지, 배후도 시용지 등으로 활용할 계획으로 진행되었다. 갯벌을 간척지로 개간하면서 갯벌 훼손과 그에 따른 갯벌 생태계 문제가 제기되었다. 갯벌은 생태계를 유지하고 다양한 생물을 보호해 주는 환경일 뿐 아니라 지역 주민의 생계를 보전해 주는 생태자원이며 수천 년의 세월 동안 축적된 어촌의 독특한 전통문화가 유지될 수 있게 하는 원동력이 되기 때문이다. 2021년 7월 세계자연유산에 등재된 '한국의 갯벌(서천, 고창, 신안, 보성·순천 갯벌)'은 지질학적, 해양학적, 기후학적 보존의 가치, 지구 생물 다양성 보존과 생물의 서식지로서 가치, 어민들의 생활 터전으로서의 가치 등 갯벌이 갖고 있는 다양한 가치들을 인정받은 것이다. 갯벌의 간척지화를 깊이 생각해 보게 한다.

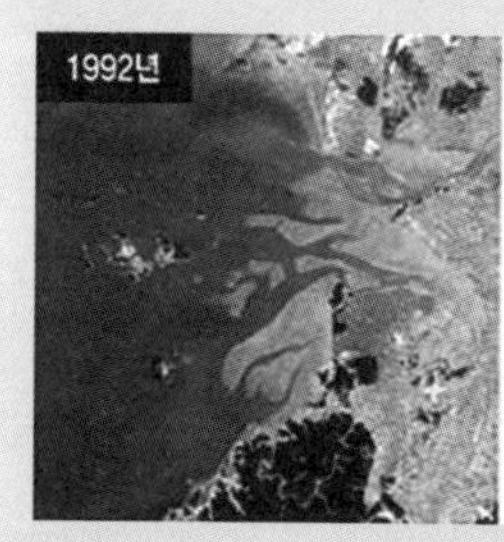

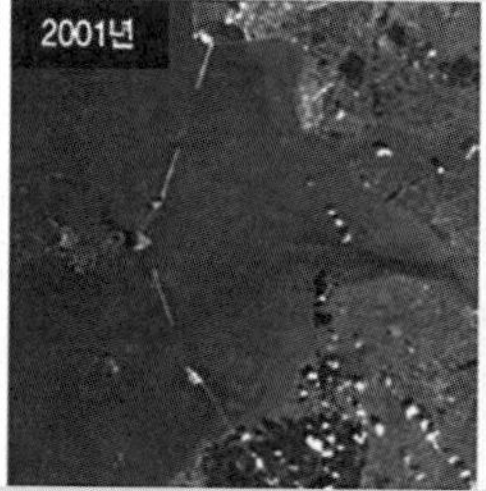

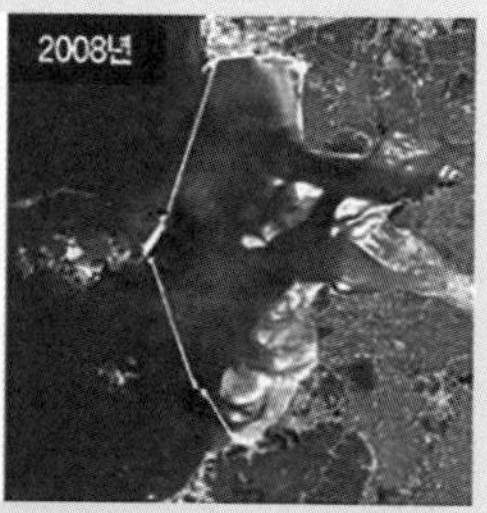


새만금 개발청

새만금 개발청

두고 있다. 이는 그간 국제사회에서 추진해 온 환경보호, 환경교육, 환경정의의 실천, 지속가능발전의 실천, 지속가능발전교육의 실행 등 유엔 중심의 국제사회에서의 노력뿐 아니라 사회 곳곳에서 그리고 개인의 이에 대한 인식에서 비롯된 일일 것이다. 특히, 오늘날에는 탄소 배출을 억제하고 탄소 흡수를 극대화할 수 있는 방법 탐색에 지구촌 사회가 관심을 두고 관련 의제들을 만들어 가려는 움직임을 보이고 있다. 이러한 움직임을 더 적극적으로 이끌어 내기 위해서는 사람들이 지구환경과 사회환경에 대해 이해하고 있어야 한다. 그래야만 사람들이 지속가능발전을 위해 깊은 생각과 관심, 적극적 행동을 보여 줄 수 있을 것이다. 2015년 유엔의 지속가능발전목표(SDGs) 제시, 2015 개정교육과정에 포함된 범교과학습 주제에 환경교육/지속가능발전교육, 그리고 2021년 학교에서의 환경교육 의무화법 추진 등은 향후 학교교육에서 지속가능발전을 추동하는 동력이 될 것으로 기대한다.

## II. 지속가능발전교육과 시민

### 1. 지속가능발전교육의 등장과 발달

지속가능발전교육은 현재의 코로나19 사태에서 그 어느 때보다 사회적 관심을 받고 있다. 인류의 역사에서 코로나19와 같은 전염병에 의해 팬데믹이 발생한 사례는 있었다. 그러나 우리는 현대의 과학기술의 도움으로 충분히 예방과 치료를 할 수 있을 것이며 웬만한 위기 상황을 모두 해결해 줄 것이라고 다소 막연한 생각을 가지고 있었는지도 모른다.

1962년에 레이첼 카슨은 《침묵의 봄》에서 글로벌 사회에서 환경문제의 심각화와 이에 대한 대처의 중요성을 전 세계에 고지하였다. 카슨은 살충제의 사용에 따라 파괴되는 야생 생물계의 오염이 어떻게 진행되고 있으며, 생물과 자연환경에 미치는 영향은 무엇인지를 구체적으로 설명하면서 무분별한 환경 훼손에 대해 인간이 치명적 대가를 치러야 할 수도 있음을 경고하였다. 1992년에 출간된 헬레나 노르베리 호지의 《오래된 미래: 라다크로부터 배우다》에서는 '라다크'라는 작은 마을이 서구의 산업문화가 들어오면서 나타난 여러 가지 폐해를 사실적으로 보여 준다(자료 2). 라다크의 사람들은 계절의 변화와 그들의 터전인 땅을 삶의 중심에 두고 이에 맞춰서 사람들 간 안정적인 공동체를 구성하여 건강한 삶의 방식을 만들어 왔으며 그러한 삶의 방식이 사람들의 삶에 큰 영향을 주었다. 그런데 라다크의 환경에 맞지 않은 서구의 문화와 산업이 들어오면서 건강했던 생태계와 안정적이었던 공동체 문화에서 문제가 발생하기 시작했다. 이를 통해 호지는 지속 가능한 사회를 위해서 우리에게 필요한 것이 무엇인지를 말해 주었다. 또한 일본의 미야자키 하야오 감독은 〈천공의 성, 라퓨타〉를 통해서 산업화에 따른 산업 중심의 사회가 가져올 수 있는 지구환경의 위험성을 보여 주었다. 인류의 생존과 평화로운 삶을 보장해 주는 것은 산업기술이 아닌 자연임을 강조하였다. 자연이 지구의 위와 아래에서 지구 문명을 감싸고 있을 때 지구환경과 인류는 평화와 안정을 찾을 수 있다는 것이다. 이러한 경고의 메시지는 제2차 세계대전 이후 급속도로 빠르게 진행된 산업화 사회로의 변화에서 나타났다.

국제사회에서 지구환경에의 관심은 실질적인 대처 방안 논의로 이어졌다. 환경교육은 이러한 배경에서 등장하였다. 그 진행 과정을 살펴보면 다음과 같다(남상준, 1998 참고).

라다크: 산길의 땅

- 인도의 북동부 꼭짓점에 위치
- 히말라야산맥 2,750~7,673m에 위치
- 북으로는 쿤룬산맥, 남으로는 히말라야산맥에 위치
- 인더스강 상류 지역
- 면적 59,146km$^2$, 인구 약 27만 명(2011년)
- 연중 6~9월을 제외하면 영하 20도 이하의 겨울 지속
- 역사적으로 중국, 인도, 티베트 간 주요 교역로
- 지리적으로 접근이 어려워 오랫동안 전통적인 생활 방식 유지
- 1974년 외지인에게 개방

〈라다크 지역 풍경 1〉

〈라다크 지역 풍경 2〉

첫째, 1980년 이전은 환경교육의 태동기라고 할 수 있다. 앞에서 살펴본 레이첼 카슨, 로마클럽 등에서의 경고와 같이 산업화, 세계화에 따른 환경문제의 심각성을 국제사회에서 인식하고 이에 대한 대처 노력이 태동한 시기라고 할 수 있다. 특히 1948년 IUCN(International Union for Conservation of Nature and Natural Resources, 국제자연보전연맹)의 탄생과 1949년 IUCN 내 환경교육분과의 탄생이다. IUCN은 전 세계 자원 및 자연 보호를 위해 유엔의 지원을 받아 설립된 세계 최대 규모의 환경 단체이며, 이 기관에서 환경교육을 촉진하기 시작했다. 1966년 스위스 루체른에서 '환경 보전을 위한 심포지엄'을 개최하고 1968년 아르헨티나에서 '재생가능한 자연자원으로의 보전을 위한 컨퍼런스' 개최, 1970년 미국 네바다주에서 '환경교육 협의회' 구성, 1971년 스위스 뤼슐리콘에서 '환경 보전 교육을 위한 유럽 실무를 위한 컨퍼런스' 개최, 1971년에 영국 런던과 캐나다 온타리오주에서 '고등교육과 교사 훈련을 위한 국제 환경 연구 워크숍' 개최 등 일련의 환경에의 관심과 환경문제 해결을 위한 국제사회의 관심과 노력을 독려하였다.

또한 1972년 6월 5일 스웨덴 스톡홀름에서 개최되었던 **'인류 환경에 관한 유엔 회의**(일명 스톡홀름 회의)'를 주목해 볼 수 있다. 113개 회원국, 유엔 산하 국제기구, 비정부기구 등이 참여하여 '인간 환경 선언(Declaration on Human Environment)'과 '인간 환경에 관한 행동 강령'을 채택하고, 매년 6월 5일을 **'세계 환경의 날'**로 제정하였다. 그리고 스톡홀름 회의 결과 환경문제 해결을 위해 국제사회의 협력이 더 크게 요구되었고, 학생과 성인 모두에게 환경교육의 역할이 중요함이 부각되었다. 환경교육의 적극적 전개의 필요성이 제기된 계기였다고 할 수 있다. 그리고 이 회의에서 권고에 의거하여 환경 분야의 국제적 협력을 위한 전문기구로

UNEP(유엔환경계획: United Nations Environmental Programme)가 설립되었고, 1975년에는 UNESCO와 UNEP에 의해 IEEP(국제환경교육 프로그램: International Environmental Education Programme)이 만들어졌다.

1975년에는 구 유고슬라비아의 베오그라드에서 '베오그라드 국제환경교육 회의'가 개최되어, 65개국에서 교육계 지도자들이 참석하여 환경교육의 현황과 관련 시각을 검토하고 '베오그라드 헌장(Thee Beograd Charter-A Global Framework for Environmental Education)'을 채택하였다. 여기에서는 환경교육의 철학적 기저와 골격, 평가, 환경 관련 행동 강령의 목표, 인간-환경 간의 관계 설정 등이 이뤄졌다.

그리고 환경교육에서 큰 발전을 이룬 것은 1977년 UNESCO-UNEP의 주관으로 소련의 트빌리시에서 개최된 **'트빌리시 환경교육에 관한 정부 간 회의'**이다. 여기서는 인구문제, 식량문제, 에너지 및 자원 문제, 남북문제, 핵과 군비 축소 문제와 같이 인류의 당면 과제에 대한 교육을 강력히 추진할 것을 합의하였고, 환경교육의 개념, 영역, 역할을 분명히 제시하여 국가 수준, 국제 수준에서 적용할 수 있는 지침을 마련하였다. 그런 면에서 트빌리시 회의는 환경교육에 대한 국제적인 노력의 방향 설정에 큰 역할을 했다고 할 수 있다.

둘째, 성립기는 1981~1991년이다. UN은 1983년에 지구적 환경 위기의 심각성에 대처하기 위해 특별히 '세계환경발전위원회'를 구성하였고, 노르웨이 여성 정치가인 그로 할렘 브룬트란트 의장을 위원장으로 지명하였다. 이 위원회에서는 4년간의 연구성과로 〈브룬트란트 보고서: 우리 공동의 미래〉(1987)를 발간하였고, 여기에서 '발전'과 '환경' 간 관계에 집중적 관심을 제기하였으며, '향후 새로운 경제성장은 사회적·환경적으로 지속 가능한 성장'을 이뤄야 한다고 주장하여 **'지속적인'** 성장에서 **'지속**

**가능한**' 성장으로 발전에 대한 패러다임의 전환을 제시하였다. 환경문제는 더 이상 독립된 분야로 해결될 수 없으며 경제-사회적 분야와의 연계를 통해서 해결될 수 있음을 분명히 하였다. 이는 그간 환경문제를 환경에 대한 인식과 환경문제 해결 노력에 중점을 두었던 그간의 환경교육에도 새로운 변화를 촉발하였다.

**〈브룬트란트 보고서에서 제시한 지속가능발전 개념〉**

| 미래 세대가 그들의 욕구를 충족시킬 수 없게 되는 위험을 피하면서 현재 세대의 욕구를 충족시키는 발전 |
|---|
| Development that meets the needs of the present without compromising the ability of future generation meet own needs |

셋째, 전환기인 1992~2001년이다. 1992년 브라질 리우데자네이루에서 '환경과 개발에 관한 유엔 회의(UNCED)(일명 '리우회의')'가 개최되었고, 여기서는 지구온난화, 열대림 파괴, 사막화, 해양 오염 등 지구환경문제에 대해 더 심도 있는 구체적인 대책을 논의하였고 지구환경 보전을 위한 협약(기후변화에 관한 협약, 생물 다양성 보호 협약, 삼림 보존 협약 등)을 맺었고, 국가와 인간의 행동 원칙을 천명하는 **지구 헌장**(리우 환경 선언) 채택하였으며, 지구 헌장을 구체화한 행동 계획으로서 **의제** 21(Agenda 21)을 채택하였다. 또한 이 회의에서는 1987년 제공된 〈브룬트란트 보고서: 우리 공동의 미래〉의 보고서 내용을 받아들여 그간 환경보호 측면만 강조하던 활동의 영역을 사회, 경제적 영역으로 확대하면서 교육은 지속가능한 개발에 합치되는 환경과 윤리 의식, 가치관, 생활 태도, 기술 및 행동의 개발과 의사결정 과정에서 효과적인 공공 참여를 성취하는 데 필

수적인 것으로 규정하였다. 이후 환경교육은 물리, 생물학적 환경, 사회, 경제적 환경과 인간 개발 간의 상호 역동적인 관계를 다루는 것이 기반이 되었다. 즉 그간 환경 인식과 환경문제에 중점을 두었던 것과는 달리 사회문화-경제-환경 간의 관계적 측면에서 환경문제와 지속가능성을 추구하는 교육으로 확장되었다고 할 수 있다. 그리고 이 회의에서 채택한 〈어젠더 21〉의 36장에서는 지속 가능한 발전을 위한 교육 쇄신, 공공의 인식 증진, 훈련 촉진 등 규정을 삽입하여 '**지속 가능한 발전을 위한 교육**'의 등장을 예고하였다.

넷째, 지속가능발전교육의 적극적 실행기인 2002년 이후이다. 2002년 남아프리카공화국의 요하네스버그에서 '지속가능발전 세계정상회의'가 개최되었다. 여기서는 지속가능발전교육의 활성화 방안으로 '유엔 지속가능발전교육 10년(UN Decade of Education for Sustainable Development (DESD)/2005-2014)'이 제안되었고, 선도기관으로 유네스코가 지정되었다. 그리하여 유네스코에서는 2004년 '유엔 지속가능발전교육 10년 국제 이행 계획'을 만들어 국제사회에 배포하였으며, 이를 기반으로 각국에서는 국가적 실정에 적합한 '유엔 지속가능발전교육 10년 국제 이행 계획'을 만들었다. 우리나라에서도 대통령자문 지속가능발전위원회에서 '유엔 지속가능발전교육 10년을 위한 국가 추진 전략 개발 연구'(2005)가 개발되었다.

이후 2015년 9월 25일, 뉴욕에서 개최된 UN 총회에서는 Post-2015 개발 아젠더로서 '우리의 세계 바꾸기: 지속 가능한 개발을 위한 2030 아젠다(Transforming our world: the 2030 Agenda for Sustainable Development)'를 채택하였다. 여기에는 '**지속가능발전목표**(Sustainable Delopment Goals: SDGs)'가 포함되었고, 이를 달성하기 위한 17개의 목표들이

포함되었다. SDG4(교육 2030)는 '양질의 교육(포용적이고 공평한 양질의 교육 보장과 모두를 위한 평생학습 기회 증진)'을 포함하며, 그중 세부 목표 4.7에 "2030년까지 모든 학습자들이 지속가능발전 및 지속가능생활방식, 인권, 성평등, 평화와 비폭력 문화 증진, 세계시민의식, 문화 다양성 및 지속가능발전을 위한 문화의 기여에 대한 교육을 통해, 지속가능발전을 증진하기 위해 필요한 지식 및 기술 습득을 보장한다."라고 명시하여 지속가능발전교육을 제시하였다. 이에 의거하여 오늘날 학교 및 학교 밖 교육에서는 환경교육과 더불어서 지속가능발전교육이 함께 이뤄지고 있다.

위에서 살펴본 바, 환경교육과 지속가능발전교육은 다른 교육의 영역인 것은 아니며, 그렇다고 해서 환경교육과 지속가능발전교육이 같은 교육 영역이라고 할 수도 없다. 지속가능발전교육의 태동 배경에 환경교육이 있고, 환경교육 연구자들이 지속가능발전교육을 지지하고 발달시키고 있으며, 지속가능발전교육의 핵심 내용 부분에 환경이 자리 잡고 있다. 환경교육은 풀뿌리 교육에 의해 주도되어 왔지만 지속가능발전교육은 국제사회, 국가, 단체 등에 의해 하향식으로 추진되어 왔다(Standish(김다원 역), 2020). 또한 그간 환경교육이 환경적 맥락에서 환경을 인식, 관련 지식, 기술, 가치/태도, 참여를 강조해 온 반면, 지속가능발전교육에서는 환경-사회문화-경제적 측면들을 상호 통합적으로 연계하여 우리 사회의 지속가능성을 추구한다는 면에서 다소 다름을 찾을 수 있을 것이다(표 1).

## 2. 지속가능발전교육에서 기대하는 시민

세계화는 시민의 역할을 글로벌 차원으로 확장시키고 있다. 이제는 단

표 1. 유엔/유네스코 정책과 환경교육/지속가능발전교육의 전개 과정

| 시대 구분 | UN/UNESCO의 주요 정책 | 환경/지속가능발전교육 관련 내용 |
|---|---|---|
| 환경 교육 태동기 (~ 1980) | ▪ 유엔 헌장(1945)<br>▪ 세계인권선언(1948)<br>▪ 청소년의 국제이해 고양과 국제기구 교육(1948)<br>▪ 세계공동체에서 살기 위한 교육 선언(1952)<br>▪ 국제이해와 평화를 위한 교육(1968)<br>▪ 스톡홀름 '인간환경회의'와 '인간 환경 선언'(1972년)<br>▪ 세계문화유산 및 자연유산의 보호에 관한 협약(1972)<br>▪ 국제이해, 협력, 평화를 위한 교육과 인권, 기본 자유에 관한 교육 권고(1974)<br>▪ 모든 형태의 인종차별 철폐에 관한 국제협약(1978) | ▪ IUCN(International Union for Conservation of Nature and Natural Resources, 국제자연보전연맹) 탄생(1948년)<br>▪ 레이첼 카슨 〈침묵의 봄〉(1962): 글로벌 사회에서 환경문제의 심각화와 이에 대한 대처의 중요성을 전 세계에 고지<br>**1865년 Open Spaces Society는 16세기에 인도 타르 사막의 마을들에서 무분별하게 자행되는 벌채에 대항하는 대중운동 전개(남상준, 1998).<br>▪ 그린피스: 1971년에 설립<br>▪ 로마클럽〈성장의한계〉(1972): 지구 생태계를 제약하는 요소들로 자원의 이용, 세계 인구, 산업화, 오염에 주목, 지구 성장에의 부정적 영향 경고<br>▪ 지구의 벗 인터내셔널(Friends of the Earth International)(1973년): 열대우림, 지구온난화 문제 등에 대한 국제적 캠페인 전개<br>▸ 스톡홀름 회의 결과 환경문제 해결을 위해 국제사회의 협력이 요구되었고, 학생과 성인 모두에게 환경교육의 역할이 중요함이 부각됨. **환경교육 활동이 고조된 계기였음.**<br>- 이 회의에서 환경 분야의 국제적 협력을 위한 전문기구로 UNEP(United Nations Environmental Programme) 설립<br>- UNESCO와 UNEP에 의해 IEEP(International Environmental Education Programme) 설립<br>▪ 베오그라드 국제 환경교육 회의(1975)<br>- 베오그라드 헌장 채택: 환경교육의 철학적 골격 형성, 인간-환경 간 관계 설정 등<br>▪ 트빌리시 환경교육에 관한 정부 간 회의(1977): UNESCO-UNEP 주관<br>**트빌리시 회의에서 합의한 환경교육의 3대 목표<br>① 경제, 사회, 정치 및 생태계의 상호 연관 관계에 대한 관심과 인식 제고<br>② 환경 보존에 필요한 지식, 가치관, 태도 및 기능 등의 획득 기회 제공<br>③ 환경보호를 위한 개인, 집단 및 사회의 태도와 행동 패턴 형성 |

| | | |
|---|---|---|
| 환경교육 발달 및 지속가능 발전교육 성립기 (1981 ~ 2000) | ■ 세계환경발전위원회 구성(1983): 노르웨이 여성 정치가인 그로 할렘 브룬트란트 의장 지명<br>■ '환경과 개발에 관한 유엔 회의(UNCED)(리우회의)'(1992)<br>- 생물 다양성 협약(1992)<br>- 기후변화 협약(1992)<br>- 지구헌장 행동계획 의제 21(Agenda 21) 채택<br>- 유엔지속가능발전위원회(UNCSD: UN Commission on Sustainable Development)가 유엔 경제사회이사회의 산하에 설치→환경과 개발을 연계한 후속 작업 수행<br>■ 유엔 사막화 방지 협약(1994)<br>■ 평화, 인권, 민주주의 교육에 관한 실천 요강(1994)<br>■ UN지구협약(2000)→유엔 새천년 정상회의(뉴욕)<br>새천년개발목표(MDGs: Millennium Development Goals)<br>■ 핵 테러 행위의 억제를 위한 국제협약(2005)<br>■ MDG(2000-2015) | ▸ 〈브룬트란트 보고서: 우리 공동의 미래〉 발간(1987)<br>- 새로운 경제성장은 '사회적-환경적으로 지속가능한 성장'을 이뤄야 한다고 주장→**'지속적인' 성장에서 '지속 가능한' 성장으로 관점 전환**<br>- 지속가능발전 개념: '미래 세대가 그들의 욕구를 충족시킬 수 없게 되는 위험을 피하면서도 현재의 욕구를 충족시키는 개발'로 정의함.<br>- 지구의 미래를 위협하는 주요 요인으로 (1) 빈곤, (2) 인구 성장, (3) 지구온난화와 기후변화, (4) 환경 파괴 등 네 가지를 선정하고, 이에 대한 대안으로 지속가능발전을 새로운 패러다임으로 제시함. 이후 1992년 리우회의에서 어젠더 21로 구체화됨. 그리고 2015년 SDGs로 발전함.<br>▸ 리우회의 이후<br>- **환경보호 측면**만 강조하던 활동의 영역이 사회, 경제적 영역으로 확대, 연계됨.<br>이후 환경교육은 물리, 생물학적 환경, 사회, 경제적 환경과 인간 개발 간의 상호 역동적인 관계를 다루는 것이 기반이 됨.<br>▸ Agenda 21의 제36장: 지속 가능한 개발을 위한 교육 쇄신, 공공의 인식 증진, 훈련 촉진 등 규정 |
| 지속가능 발전교육 정착기 (2001 ~) | ■ 지속가능발전 세계정상회의(요하네스버그 회의,2002)<br>- 유엔 지속가능발전교육 10년(UN Decade of Education for Sustainable Development (DESD)/2005-2014))이 제안<br>- 유네스코의 〈유엔 지속가능발전교육 10년 국제 이행 계획〉(2004)<br>■ 리우+20지구정상회의(2012)<br>- '우리가 모두를 위해 원하는 미래의 실현' 보고서 발간<br>**인권, 평등, 지속가능성이라는** | ▸ 유네스코 중심 ESD 실천 전략<br>▸ SDGs에서 ESD<br>- SDG4(교육 2030): 양질의 교육(포용적이고 공평한 양질의 교육 보장과 모두를 위한 평생학습 기회 증진)<br>- 세부 목표 4.7: 2030년까지 모든 학습자들이 지속가능발전 및 지속가능생활방식, 인권, 성평등, 평화와 비폭력 문화 증진, 세계시민의식, 문화다양성 및 지속가능발전을 위한 문화의 기여에 대한 교육을 통해, 지속가능발전을 증진하기 위해 필요한 지식 및 기술 습득을 보장한다.→**SDGs, 세계시민의식, 문화 다양성 교육을 통한 지속가능발전 증진에 필요한 지식, 기술 습득** |

| | | |
|---|---|---|
| | 3가지 핵심 가치, 포괄적 사회 발전, 포괄적 경제 발전, 환경 지속가능성, 평화 및 안보라는 4가지 차원에서 내용 구성 제안<br>■ 반기문 유엔사무총장 : 글로벌 교육 우선 구상<br>– 교육 기회 확대, 교육의 질 향상, 세계시민의식 함양<br>■ UN 총회(2015)<br>– '우리의 세계를 바꾸기: 지속가능한 개발을 위한 2030 어젠다' 채택<br>SDGs 채택 | |

일국가에 기반하는 국가시민성의 한계를 극복하고 지구촌 사회의 사회 현상에 관심을 갖고 문제 해결에 적극적으로 참여할 수 있는 세계시민의식 함양이 요구된다(한경구 외, 2015). 2021년 9월 반기문 유엔 사무총장은 '글로벌교육 우선 구상(Global Education First Initiative, GEFI)'를 제안하여 국제사회에 의미 있는 교육의 변화를 촉구하였다. 무엇보다도 지구촌 사회에서 '세계시민교육'의 필요성을 강조한 것이며 지구촌 사회가 더 평화롭고, 정의로우며, 지속 가능한 사회로 변화할 수 있게 교육의 주도적 역할을 주문한 것이다. 그래서 2015년에 발표된 지속가능발전목표(SDGs)4의 '양질의 교육(포용적이고 공평한 양질의 교육 보장과 모두를 위한 평생학습 기회 증진)'에는 "2030년까지 모든 학습자들이 지속가능발전 및 지속가능생활방식, 인권, 성평등, 평화와 비폭력 문화 증진, 세계시민의식, 문화 다양성 및 지속가능발전을 위한 문화의 기여에 대한 교육을 통해, 지속가능발전을 증진하기 위해 필요한 지식 및 기술 습득을 보장한다."라고 명시하여 지속가능발전을 위해서 '세계시민의식 함양'의 중요성

을 강조하였다.

세계시민의 개념은 어떤 사람이며 어떤 역할과 책무가 요구되는지에 대해 분명하고 합의된 정의는 존재하지 않지만(한경구 외, 2015, 28), 일반적으로 '글로벌 사회인으로서 자신의 권리를 향유하고 글로벌 사회의 지속 가능한 발전에 적극적으로 참여하는 사람'이라고 할 수 있다. 옥스팜(Oxfam)에서는 '세계시민을 ① 글로벌 이슈를 잘 인식하고 해결하는 데 책임감을 가지고, ② 가치의 다양성을 존중하며, ③ 세계를 보다 정의롭고 지속 가능한 공동체로 변화시키려는 사람'으로 정의하였다(Oxfam, 2015). 세계시민은 세계 공동체를 구성하는 개인으로서 역할을 지닌 사람이며, 글로벌 사회에서 자신의 삶의 질을 높이고 적극적으로 삶을 향유하며 나아가서 모든 사람들이 인간으로서 삶의 질을 누릴 수 있게 지구촌 환경을 만드는 데 적극적 능동자로서 역할을 할 수 있는 사람으로 정의해 볼 수 있다.

윌리엄 스탭(William Stapp)은 환경교육의 목적을 '생물학적 환경과 관련 문제들에 대해 잘 알고 있고 해결책을 찾기 위한 방법을 알고 있고, 문제 해결을 위해 동기가 부여된 시민 양성'에 두었다(Standish, 김다원 역, 2020). UNESCO(유네스코 한국위원회, 2019)에서는 지속가능발전교육의 목표를 "개인이 지역적 및 전 지구적 관점에서 현재와 미래의 사회적, 문화적, 경제적, 환경적 영향을 고려해 자신의 행동을 성찰할 수 있는 역량을 개발하는 것이며, 또한 개인은 복잡한 상황에서 지속 가능한 방식으로 행동하고, 정치사회적 과정에 참여해 사회가 지속가능발전을 향해 나아갈 수 있도록 역량을 강화하는 것이다."로 제시하였다. '세계시민'은 지속 가능한 지구촌 미래를 위해서 필요한 인재상으로 요구되고 있다. 그리고 '세계시민'은 자연환경, 지속가능성과 삶의 질, 여러 가지 쟁점과 문제들을 파악하고 문제 해결에 역할을 할 수 있는 생태시민성, 다양한 관점에 기반해서 다양한 문화를 이해하고 비판적인 문화 견해를 통해서 다양한 문화의 공존과 발전에서 역할을 할 수 있는 문화시민성, 그리고 글로벌 스케일에서 세계의 자연환경, 지구촌의 사회적 현상을 이해하고 발생하는 문제들을 적극적으로 해결하여 지속 가능한 지구촌 환경을 만들어 가는 데 역할을 할 수 있는 세계시민성, 주체적 사고와 비판적 사고에 기반하여 민주주의 사회의 유지 발전에 역할을 할 수 있는 민주시민성, 지역사회에서 현안 문제를 파악하고 자신의 역할을 찾아 행동할 수 있는 지역시민성 등을 모두 포함한다. 공동체 안에서 시민에게 더 적극적으로 요구되는 능력에 따라서 여러 유형의 시민성 개념이 형성되었다고 할 수 있다.

시민과 공동체 간의 관계, 권리와 의무를 인식하고 실천하도록 하기 위해서는 이에 대한 교육이 매우 중요하다. 공동체와 시민 간의 이상적인 관계, 시민으로서 누릴 수 있는 권리, 시민으로서 역할을 해야 할 의무 등이 학습되고 이를 실천할 수 있는 능력이 함양되어 시민의 역할을 기대할 수 있다.

복잡한 사회환경에서 비민주적인 행동과 환경 훼손의 문제는 더 심각하게 발생할 수 있을 것이다. 교육을 통해서 환경과 사회현상에 대한 지식을 갖추고 지구의 상황을 적실하게 파악하고 지구의 문제를 해결할 수 있는 능력을 갖춘 시민의 양성이 지속가능발전교육에서 큰 기대를 모으고 있다 하겠다. 교육은 인간의 생존을 위해서 필요한 것이며, 지속가능발전교육은 지속 가능한 지구에서 살아가기 위해 필요한 교육이며 창의적이고 적극적으로 참여하는 시민 육성에 목적을 둔다. 그래서 지속가능발전교육은 관련 내용에 대한 이해뿐 아니라 성찰하고 공감하고 비판적으로 행동하는 것을 포함한다(Karstein & Wolff, 2020).

# III. 지속가능발전교육에서의 시민 교육

## 1. 기대하는 시민 역량

유네스코에서는 지속가능발전교육을 통해서 개인이 지역적 및 전 지구적 관점에서 현재와 미래의 사회적, 문화적, 경제적, 환경적 영향을 고려해 자신의 행동을 성찰할 수 있는 역량을 개발하고자 한다(UNESCO, 2019). 관련하여, 오늘날의 큰 규모의 복잡한 이슈와 문제들을 해결하기 위해 필요한 역량을 제시하였다. 최근에 제시한 핵심 역량은 2015년에 제시된 SDGs와 관련지어 SDGs를 통찰할 수 있고, 관련 문제를 해결하기 위해 특별히 필요하다고 판단하는 8개의 핵심 역량이다(표 2). 제시한 8개의 핵심 역량에는 시스템 사고, 예측, 규범 파악과 이해, 전략, 협력, 비판적 사고, 자아 인식, 문제 해결 등이 포함되어 있다. 기존에 유네스코에서 제시했던 글로벌시민교육 역량(유네스코아시아태평양국제이해교육원, 2015)과 OECD에서 제시한 글로벌 역량(OECD, 2016)과는 협력 역량, 비판적 사고 역량, 자아 인식 역량에서 공통점을 갖고 있기도 하지만, 시스템 사고 역량, 예측 역량, 규범적 역량, 전략적 역량, 통합적 문제 해결 역량 등에서는 차별성을 보인다(김다원, 2020). 여기에는 현재의 상황과 미래로의 지속가능성을 파악하고 지속가능발전을 실천해야 하는 필요성이 반영되어 있다고 할 수 있다.

시스템 사고 역량은 관계적 사고 영역에 해당되는 것으로 세상을 여러 복잡한 연결망으로 바라보는 사고방식이다. 현재 세대와 미래 세대 간, 인간과 환경 간, 환경-경제-사회·문화 영역 간 통합적 연계성을 파악하고 상호 관련지어 사고할 수 있는 능력이다. 특히, 복잡한 사회에서 예측하기 힘든 일들이 벌어질 수 있음을 의식하고 그러한 위험에 대비할 수

**표 2. 지속가능발전교육 핵심 역량**

| 핵심 역량 | 내용 |
|---|---|
| 시스템 사고 역량 | 관계를 인지하고 이해하는 능력, 복잡한 시스템을 분석하는 능력, 시스템들이 어떻게 다양한 영역 및 척도 안에 내재되어 있는지 생각하는 능력, 불확실성에 대처하는 능력 |
| 예측 역량 | 가능한 미래, 개연성이 있는 미래, 바람직한 미래 등 다양한 미래를 이해하고 평가하는 능력, 미래에 대한 자신의 비전을 창조하는 능력, 예방 원칙을 적용하는 능력, 행동의 결과를 평가하는 능력, 위험과 변화에 대처하는 능력 |
| 규범적 역량 | 자신의 행동에 기초가 되는 규범과 가치를 이해하고 성찰하는 능력, 이해 충돌과 절충, 불확실한 지식 및 모순의 맥락에서 지속가능성의 가치, 원칙, 목표 및 세부 목표를 조율하는 능력 |
| 전략적 역량 | 지역 수준 및 더 넓은 수준에서 지속가능성을 증진시키는 혁신적인 행동을 집단적으로 개발하고 이행하는 능력 |
| 협력 역량 | 타인으로부터 배우는 능력, 타인의 필요, 관점 및 행동을 이해하고 존중하는 능력, 타인을 이해하고 관계를 맺으며 민감하게 반응하는 능력, 집단 내 갈등에 대처하는 능력, 협력적이고 참여적인 문제 해결을 용이하게 하는 능력 |
| 비판적 사고 역량 | 규범, 관행 및 의견에 의문을 제기하는 능력, 자기 자신의 가치, 인식 및 행동을 성찰하는 능력, 지속가능성 담론에서 자신의 입장을 취하는 능력 |
| 자아 인식 역량 | 지역사회 및 글로벌 사회에서 자신의 역할을 성찰하는 능력, 자신의 행동을 지속적으로 평가하고 동기 부여를 하는 능력, 자신의 감정과 욕구에 대처하는 능력 |
| 통합적 문제 해결 역량 | 복잡한 지속가능성 문제에 다양한 문제 해결의 틀을 적용하고, 위에서 언급한 역량들을 통합해 지속가능발전을 촉진하는 실행 가능하고, 포용적이며, 공평한 해결책을 개발할 수 있는 가장 중요한 능력 |

UNESCO, 2019.

표 3. 지속가능발전교육 내용

| 연구주체 | 지속가능발전교육 내용 | | |
|---|---|---|---|
| | 사회문화적 관점 | 환경적 관점 | 경제적 관점 |
| UNESCO (2004) | • 인권<br>• 평화·안전<br>• 양성 평등<br>• 문화적 다양성<br>• 건강과 에이즈<br>• 거버넌스 | • 자연자원(물, 에너지, 농업 등)<br>• 기후변화<br>• 농촌 개혁<br>• 지속 가능한 도시화<br>• 재해 예방 및 완화 | • 빈곤 퇴치<br>• 기업의 책무<br>• 시장경제 |
| 대통령자문 지속가능발전위원회(이선경 외, 2005) | • 인권<br>• 평화·안전<br>• 양성 평등<br>• 문화적 다양성<br>• 건강과 에이즈<br>• 거버넌스<br>• 갈등 해소<br>• 통일<br>• 사회 혁신<br>• 연대(파트너십)<br>• 매체 소양 | • 기후변화<br>• 농촌 개혁<br>• 지속 가능한 도시화<br>• 재해 예방 및 완화<br>• 자연자원(물, 에너지, 대기 등)<br>• 생물 종 다양성<br>• 재해 예방/축소<br>• 교통<br>• 주거환경 | • 빈곤 퇴치<br>• 기업의 책무<br>• 시장경제<br>• 지속 가능한 생산과 소비<br>• 빈부 격차 완화 |
| UN (2015) | SDG2: 기아 종식<br>SDG3: 건강과 웰빙<br>SDG4: 양질의 교육<br>SDG5: 성평등<br>SDG11: 지속 가능한 도시와 지역사회<br>SDG16: 평화, 정의, 강력한 제도<br>SDG17: SDGs를 위한 파트너십 | SDG6: 깨끗한 물과 위생<br>SDG7: 적정가격의 깨끗한 에너지<br>SDG13: 기후변화 대응<br>SDG14: 해양 생태계<br>SDG15: 육상 생태계 | SDG1: 빈곤 종식<br>SDG8: 양질의 일자리와 경제성장<br>SDG9: 산업, 혁신과 인프라<br>SDG10: 불평등 감소<br>SDG12: 책임감 있는 소비와 생산 |
| | SDG 4.7<br>2030년까지 모든 학습자들이 지속가능발전 및 지속가능생활방식, 인권, 성평등, 평화와 비폭력 문화 증진, 세계시민의식, 문화 다양성 및 지속가능발전을 위한 문화의 기여에 대한 교육을 통해, 지속가능발전을 증진하기 위해 필요한 지식 및 기술 습득을 보장한다. | | |

있게 예방 조치를 가능하게 한다. 그래서 환경과 사회의 지속가능성을 파악하고 구현하는 데 있어서 중요한 핵심 역량이라고 할 수 있다. 예측 역량은 가능한 미래, 바람직한 미래 등 미래를 이해하고 평가하는 능력으로 지속가능성이 담고 있는 미래 지향적 발전을 추구하는 데 요구되는 역량이다. 규범적 역량은 개인이 자신의 생활에서 기초가 되는 규범과 가치를 이해하고 성찰하는 능력으로 지속가능성을 위해 필요한 가치, 원칙 등을 조율할 수 있는 능력이다. 전략적 역량은 지속가능성을 추구하는 데 필요한 발전 전략을 수립하고 실행할 수 있는 능력으로 지속가능발전과 깊은 관련성을 지닌 역량이다. 이러한 역량들은 기존의 세계시민교육이나 글로벌교육과는 달리 지속가능발전교육에서 강조되는 특별한 역량들이라고 할 수 있으며 지속가능발전교육의 특성을 담고 있다.

## 2. 교육 내용

UNESCO에서는 '유엔 지속가능발전교육 10년 국제 이행 계획'에서 지속가능발전교육을 위한 내용 영역들을 사회·문화적 영역, 환경적 영역, 경제적 영역으로 구분하여 총체적으로 접근하는 교육으로 특징지었다(UNESCO, 2004). 이후 UNESCO에서 제시한 지속가능발전교육 내용을 토대로 국가별로 국가적 상황에 적합한 지속가능발전교육 내용을 선정하였다. 우리나라에서는 대통령자문 지속가능발전위원회에서 지속가능발전교육 내용 선정 연구를 수행하였다(이선경 외, 2005). 여기에서는 UNESCO(2004)에서 제시한 세계적 차원의 보편적 내용을 토대로 하면서도 우리나라의 지역적 상황과 교육과정을 고려하여 부분적으로 수정 보완하였다. 그리고 2015년에는 지속가능발전을 위해 향후 2030년까지 지구촌 사회에서 달성해야 할 세부 목표 17개 제시되었다.

지속가능발전교육의 내용은 크게 사회문화적 관점 영역, 환경적 관점 영역, 경제적 관점 영역으로 구성되었다(표 4). UNESCO(2004)의 초기 구성 내용을 기반으로 하되, 대통령자문 지속가능발전위원회에서 한국적 상황에 맞게 지속가능발전교육 내용을 재설정하였고, 이후 기관 및 연구자에 의해 연구목적에 따라서 사회문화적 관점 영역, 환경적 관점 영역, 경제적 관점 영역의 세부 내용의 변화가 있었다. 그러나 전체적으로 세부 내용 면에서도 큰 차이를 보이지는 않는다. 이는 지속가능발전교육의 세부 내용은 사회문화적 관점 영역, 환경적 관점 영역, 경제적 관점 영역을 중심으로 하되, 그 안에서 지역사회, 학생, 학교 환경에 따라서 융통성 있게 선정하여 적용할 수 있음을 시사한다.

## Ⅳ. 시민을 위한 지속가능발전교육의 과제

2019년 말에 발생하여 전 세계인의 생활에 변화를 주었던 코로나19로 인해 우리는 그간 가지고 있던 지구환경에 대한 관심을 더 깊게 더 넓게 그리고 다르게 갖기 시작했다. 지구환경의 오염과 훼손은 환경 자체만의 문제를 야기하는 것이 아니라 사회환경 체계와 인간의 삶 자체에도 재앙적 피해를 줄 수 있다는 것을 깨달았다. 그래서 관련 연구자들은 이제 지구환경문제에 대해서 우리는 더 이상 미룰 수 없는 막바지에 이르고 있어서 긴급하게 대처하고 해결해야 한다고 경고한다. 지속가능사회를 위해 지구촌 시민의 역할이 필요한 것이다.

국제사회는 UN과 UNESCO 등의 국제기구를 중심으로 하여 국가, 시민단체 등에서는 지구촌 사회를 지속가능사회로 만들기 위해 여러 가지 정책을 마련하여 실행하고 있다. 지속가능발전목표 설정, 지속가능발전교육/세계시민교육 실시, 기후변화협약 제정 등은 지속 가능한 지구촌 사회를 만들어 가기 위한 국제사회의 노력이라고 볼 수 있다. 우리나라에서도 2007 개정교육과정에서부터 범교과학습 주제 영역에 '지속가능발전교육'을 포함하였고, 사회과 비롯하여 일부 교과에는 관련 내용을 포함하여 환경교육과 함께 초, 중, 고등학교에서 이에 대한 교육을 실시하고 있다. 2021년에는 '기후변화 환경교육' 관련 교육을 국가 및 지방자치단체에서 수립, 실시할 수 있도록 교육 법안이 국회를 통과했다. 지속가능사회를 위한 시민의 역할과 필요성은 자명한 현실이 되었다고 할 수 있다.

UNESCO(2020)에서는 지구환경 위기의 시대 속에서 교육의 미래를 다룬 '세상과 하나 되는 학습: 미래의 생존을 위한 교육(Learning to become with the world: education for future survival)'을 통해 2050년을 향한 교육을 ① 인류와 지구의 지속가능성이 가진 상호의존성 ② 인류를 세상과 분리하여 지속 가능한 미래를 얻으려는 시도의 무의미함 ③ 인류의 위치와 자립성을 새로 정립하기 위한 교육의 필요성 세 가지 전제에 바탕하여 일곱 가지 예측을 발표했다. 첫째, 인본주의(humanism) 교육이다. 교육과 인본주의의 관계를 비판적으로 재평가하고 재구성한다는 것이다. 인본주의 교육에서 좋은 측면(예, 정의 구현 등)을 유지하면서도 인간 중심적이고 배제적이었던 사회적 틀을 넘어서는 방향이다. 둘째, 생태계(ecosystem) 교육이다. 인간은 단순히 사회적 존재라기보다는 생태계에 깃든 생태적 존재임을 인식하게 하는 교육이다. 그간 사회를 자연계와 인문사회계로 구분해서 보았던 관점에서 통합 시스템으로 보는 관점으로의 전환이다. 셋째, 인간에 대한 관점 교육이다. 교육을 더 이상 인간의 예외성과 인간 중심적인 선입견을 심어 주는 수단으로 사용을 중단하는 것이다. 넷째, 교육에서 인간의 발달적 체제 프레임을 폐기할 것이다. 개인주의의 옹호보다는 집단적 성향과 우호적인 관계 형성에 중점을 둘 것이다. 다섯째, 세계와의 관계 교육이다. 교육을 통해서 인간은 세계에서 살고 배운다는 사실을 깨닫게 하는 데 중점을 둘 것이다. 세계와 함께 살아가는 방법을 배우고 협력하여 실천할 수 있는 능력을 강화할 것이다. 여섯째, 세계 정치의 역할을 교육에 새롭게 부여할 것이다. 인본주의, 인도주의, 인권 등의 인간 중심의 생각을 넘어서는 교육이 될 것이다. 일곱째, 협력적 회복 윤리에 중점을 둘 것이다. 우리는 지구에서 미래 생존을 위한 교육을 상상하고 재구성해 갈 것이다.

위에서 제시한 7가지 교육의 원칙은 기존 교육의 목표, 내용, 방법과 큰 차이를 보여 준다. 그 만큼 지구환경과 지구사회의 변화는 교육에서의 변화를 요구하고 있다 하겠다. 지구의 시계는 그 어느 때보다 빠르게 가고 있다. 그리고 지구의 환경은 빠르게 훼손되고 있다. 코로나19가 우리에게 보여 주었듯이 우리의 삶의 방식과 세계에 대한 사고방식은 변화를 필요로 한다. 이젠, 지속 가능한 미래 사회를 열어갈 수 있는 시민 양성의 교육으로 전환해야 한다. '모든 개인이 인도적이고, 사회적으로 정의롭고, 경제적으로 성장 가능하며, 생태적으로 지속 가능한 미래에 기여할 수 있도록 가치, 능력, 지식, 기능 등을 습득할 기회를 제공하는 교육'(UNESCO, 2004)을 통해서 '개인이 지역적 및 전 지구적 관점에서 현재와 미래의 사회적, 문화적, 경제적, 환경적 영향을 고려해 자신의 행동을 성찰할 수 있는 역량을 개발하는 것이며, 또한 개인은 복잡한 상황에서 지속 가능한 방식으로 행동하고, 정치사회적 과정에 참여해 사회가 지속가능발전을 향해 나아갈 수 있도록 역량을 발휘'(UNESCO, 2019)하게 해 주어야 한다.

지속가능발전교육은 우리나라뿐 아니라 세계적으로 시급성에 비해 준비는 충분하지 않은 것으로 보인다. 기존 교육과정과의 관계, 체계적인 내용과 교수법에 기반한 지속가능발전교육 교육과정 개발, 학교교육과 학교 밖 기관 간 연계 운영 방법 모색 등에서 적극적인 준비가 필요하다. 늘어나는 인구에 비해 물리적 지구 자체가 유한하다면 지구환경의 수용력에 한계가 나타나지 않을까? 경제성장은 환경의 지속가능성과 조화를 이룰 수 있을까? 최근 자주 발생하는 기후변화 현상, 집중호우, 물 부족, 생물 다양성 상실 등은 지구 생태계와 인간 생활 간의 균형적 관계가 붕괴되고 있다는 위험 신호라고 할 수 있다. 이젠 교육에서 지속가능발전교육의 가치와 필요성보다는 '지속가능사회의 시민 양성' 지향점을 생각하면서 지속가능발전교육을 어떻게 전개할 것인지에 생각을 모아야 할 때이다.

### 참고문헌


김다원, 2020, 초등 2015개정교육과정에 포함된 지속가능발전교육(ESD) 관련 목표와 내용 탐색, **국제이해교육연구**, 15(1), 1-31.

남상준, 1998, **환경교육론**, 대학사.

대통령자문 국가지속가능발전위원회, 2005, 유엔 지속가능발전교육 10년을 위한 국가 추진 전략 개발 연구.

레이첼 카슨, 김은령 역, 2011, **침묵의 봄**, 에코리브르.

로마 클럽, 김승한 역, 1972, **인류의 위기**, 삼성문화재단.

비르기트 브로이엘, 윤선구 역, 1999, **아젠다 21**, 생각의 나무.

세계환경발전위원회, 조형준, 홍성태 역, 2005, **우리 공동의 미래**, 새물결.

유네스코한국위원회, 2019, **지속가능발전목표 달성을 위한 교육-학습목표**, 유네스코한국위원회 [UNESCO, 2017, *Education for Sustainable Development Goats:*

*Learning Objectives.*]

이선경, 이재영, 이순철, 이유진, 민경석, 심숙경, 2005, **유엔 지속가능발전교육 10년을 위한 국가 추진 전략 개발 연구**, 대통령자문 지속가능발전위원회 보고서.

제프리 삭스, 홍성완 역, 2015, **지속가능한 발전의 시대**, 21세기북스.

한경구, 김종훈, 이규영, 조대훈, 2015, SDGs **시대의 세계시민교육 추진 방안**, 유네스코 아시아태평양 국제이해교육원.

헬레나 노르베리 호지, 양희승 역, 2012, **오래된 미래– 라다크로부터 배우다**, 중앙 books.

Chawla, L., Derr, Victoria, 2012, The Development of Conservation Behaviors in Childhood and Youth, Susan, C.(ed.), *Oxford Handbook of Environmental and Conservation Psychology*, Oxford: Oxford University Press, 30-31.

Karstein, F., Wolff, L. A.,, 2020, An Issue of Scale: The Challenge of Time, Space and Multitude in Sustainability and Geography Education, *Education Science*, 10(28), 1-18.

OECD, 2016, *Global Competency for an Inclusive World.* https://www.oecd.org/pisa/aboutpisa/global-competency-for-an-inclusive-world.pdf

Oxfam, 2015, *Education for Global Citizenship: A Guide for Schools*, retrieved from http://www.oxfam.org.uk/education/global-citizenship/global-citizenship-guides.

Standish, A., 2012, T*he False Promise of Global Learning*, London: Bloomsbury Publishing Inc.(김다원 역, 2020, **글로벌학습의 잘못된 약속**, 서울: 살림터).

UN(2015). *Transforming Our World: the 2030 Agenda for Sustainable Development.* http://ncsd.go.kr/api/unsdgs%EA%B5%AD%EB%AC%B8%EB%B3%B8.pdf

UNESCO, 1992, *AGENDA 21,* United Nations Conference on Environment & Development Rio de Janerio, Brazil, 3 to 14 June 1992.

UNESCO, 2004, *United Nations Decade of Education for Sustainable Development Draft International Implementation Scheme (IIS).* UNESCO.

UNESCO, 2015, *Global Citizenship Education: TOPICS AND LEARNING OBJECTIVES,* United Nations Educational, Scientific and Cultural Organization, Paris(유네스코 아시아태평양 국제이해교육원 기획 번역, 2015, **세계시민교육: 학습주제 및 학습목표**, 유네스코아시아태평양국제이해교육원).

UNESCO, 2020, Learning to Become with the World: Education for Future Survival, https://unesdoc.unesco.org/ark:/48223/pf0000374032?fbclid=IwAR0YU-sJserzEoHPvkRHkYAYO1Eq_nyFjHmcH8Em0n4KJx0BZib4hP5bk8A
World Commission on Environment ad Development (WCED), 1987, *Our Common Future*, Oxford University Press. (조형준, 홍성태 공역, 2005, **우리 공동의 미래**, 서울: 새물결).

4장

# 기후 위기의 실태와 전망

**최영은**

건국대학교 지리학과 교수

# I. 들어가며

많은 기후학자들이 기후와 기상의 차이를 강조한다. 이는 하루나 이틀에 나타나는 날씨 변화와 기후변화를 혼돈하는 경우가 많기 때문이다. 지금까지 기상은 특정 지역에서 짧은 시간에 나타나는 대기의 상태로, 기후는 기상의 장기간 평균으로 정의해 왔다. 하지만, 최근에 기후의 범위가 확대되어 평균 상태뿐만 아니라 변동성, 극한성, 발생 확률 등이 이에 포함된다. 기후 범위의 확대는 기후 위기를 이해하는 데 중요한 단서를 제공한다. 기후 위기 문제가 대두되면서 '발생 빈도는 낮지만, 피해가 큰 극한기후'에 대한 관심이 높아졌다는 점도 위와 같은 맥락에서 이해할 수 있다.

2018년 8월 1일 이전까지 우리나라에서 공식적으로 기록된 가장 높은 기온은 1942년 8월 1일에 대구에서 관측된 40℃이다. 그리고 그 기록은

76년간 깨지지 않고 유지되었다. 하지만, 2018년 8월 1일에 홍천 41.0℃, 의성 40.4℃, 양평 40.1℃를 기록하며 우리나라의 최고기온 기록이 경신되었다. 홍천은 일최고기온이 33℃가 넘는 폭염이 2018년 7월 18일부터 8월 15일까지 29일간 지속되었다. 일최고기온이 35℃가 넘는 초고온 상태도 7월 20일부터 8월 8일까지 20일, 일최고기온이 37℃가 넘은 극고온 상태도 7월 30일부터 8월 3일까지 5일간 지속되었다. 원래도 견디기 힘든 우리나라의 여름이 온난해지는 지구로 인하여 더 더워지고 길어지고 있다. 이와 같이 극한기후의 잦은 출현은 우리의 일상을 침해하고 심각한 피해를 동반하기에 이를 저감하기 위한 다양한 대책을 시급하게 수립해야 하는 상황이다.

지구온난화로 인한 기온 상승은 북반구 중위도에 위치한 우리나라의 여름 무더위, 계절 길이, 기후형에 큰 영향을 미치는 것으로 밝혀졌다. 이와 같은 변화는 인류에게도 위협이 되지만 오랜 시간 한반도를 지켜 온 생태계에도 큰 위험 요소로 다가오고 있다.

여기에서는 기후 위기에 대한 이해와 경각심을 높이기 위해 파리협약과 기후변화의 원리에 대해서 간략하게 제시하였다. 그리고 극한 고온과 저온의 발생 강도, 빈도, 지속 시간을 포함한 우리나라 기온의 극한성을 살펴볼 것이다. 극한기온의 발생은 우리나라 계절 길이의 변화를 가져오고 있다는 점도 상기할 것이다. 심지어 온대와 냉대 기후가 지배적인 우리나라의 기후형이 더 이상 유지될 수 없다는 사실도 지적할 것이다. 현재 우리가 살고 있는 대한민국의 기후 특성들이 온난해진 미래에서 어떻게 변화할지를 제시하면서 우리가 직면한 위기를 가늠해 보고자 한다. 덧붙여서 가속화되는 도시화로 인해 발생하는 도시 열섬이 도시를 얼마나 기후 위기의 한복판으로 내몰고 있는지도 보여 주고자 한다.

## II. 파리협약은 충분한가

지구온난화를 촉발한 인위적인 온실가스 농도의 증가는 인구 성장과 경제활동, 기술개발, 토지이용 변화 등 사회경제시스템의 영향으로 초래되었다. 온실가스 감축 정책이 부재한 고농도 배출량 시나리오에서 2100년이 되면 대기 중 이산화탄소 농도는 900ppm을 넘어설 것으로 전망된다. 이런 경로에서 지구의 온도는 계속 상승하여 현재보다 4℃ 정도 높아질 것으로 전망된다. 산업화 이전 대비 약 1℃ 기온 상승으로 인해 현재 인류가 겪고 있는 기후 재앙을 고려한다면 이는 상상할 수 없는 대재앙으로 이어질 것이다.

2019년 현재 기준, 세계 5위 제조업 국가인 우리나라도 전 지구적인 규모에서 발생하고 있는 기후 위기의 책임에서 자유로울 수 없다. 우리나라는 2018년 현재 기준 전 세계에서 아홉 번째로 많은 온실가스를 배출하는 나라임에도 불구하고 기후변화 이행 지수는 최하위 국가 그룹에 속해 있는 것이 현실이다.

온실가스 배출량을 감축하기 위한 강력한 대응 대책이 없는 한 미래 인류의 생존은 보장할 수 없다. 현재 진행되는 기후변화 대응 대책은 크게 완화와 적응으로 구분할 수 있다. 이산화탄소와 같은 온실가스는 혼합이 활발하게 이뤄지고 대기 중에 장기간 체류한다. 따라서 대기 중의 온실가스 농도를 줄여서 기후변화를 늦추는 완화 대책은 세계적인 차원에서 협력을 요구한다. 더불어 지역의 특수성을 반영하여 적응 대책이 병행 시행되어야 한다. 예를 들어, 해수면이 높아지는 해안 지역은 이를 대비한 대응 대책이 필요하고, 폭염일이 증가하는 내륙 지역은 해안 지역과는 다른 방안이 필요하다.

현재 진행되는 지구온난화의 규모 또는 강도는 전구 연평균기온인 'GMST(Global Mean Surface Temperature)'를 기준으로 정의할 수 있다. 전구 연평균기온의 상승 폭이 크면 클수록 지구온난화의 강도는 커지는 것이고, 그 영향도 커질 것이다. 인류 활동으로 온실가스 농도가 증가했고, 대기에는 더 많은 에너지가 저장되어 있다. 단위 면적당 저장된 에너지를 복사강제력(Radiative Forcing)이라고 부르며, 그 증가 폭은 1750년을 기준으로 1950년에는 0.6W/m$^2$, 1980년에는 1.3W/m$^2$, 2011년에는 2.3W/m$^2$, 2018년에는 2.7W/m$^2$로 점점 커지고 있다. 증가 속도 역시 빨라지고 있다. 다시 말해서 온난화 속도가 더욱 빨라지고, 강도도 커지고 있다.

이러한 위기 상황을 전구 차원에서 타개하고자 파리협약이 체결되었다. 파리협약은 '대기 중 온실가스의 농도를 안정화'하여 '산업혁명을 기준으로 2100년까지 지구의 평균기온 상승 폭을 2.0℃ 이하로 제한'하는 것을 목표로 한다. 파리협약의 과학적 배경은 다음과 같다.

"인간이 지구시스템에 미친 영향은 분명히 존재하고, 이런 영향은 기후시스템의 온실가스 농도 증가에서 기인한다. 산업혁명으로 촉발된 화석연료의 사용 증가로 인해서 대기로 이산화탄소의 배출량이 증가하였다. 이는 높아진 대기 중 온실가스의 농도로 복사강제력이 증가하였고, 이는 지구 기온의 상승으로 이어졌다."

파리협약 이행의 기본 원칙은 세 가지인데, 첫 번째는 생태계가 기후변화에 적응할 수 있는 시간을 확보하자는 것이다. 두 번째는 온실가스 감축을 위한 노력으로 식량 안정성이 위협받지 않아야 한다는 것이고, 세 번째는 지속 가능한 방법으로 세계 경제성장을 유지하는 것이다. 이와 같은 원칙과 배경을 고려하여 산업혁명 이후부터 2100년까지 지구 연평균 기온의 상승 폭을 2.0℃ 이하로 제한하여 지구시스템의 위험성을 저지하고자 한다. 하지만 많은 기후변화 과학자들은 이 기준에 회의적인 반응을 보이고 있으며, 기온 상승 폭을 1.5℃ 이하로 제한하는 〈1.5℃ 온난화 보고서〉가 2018년 10월 인천에서 인준되었다. 이 보고서는 전구 기온 상승 폭을 1.5℃ 이하로 제한하더라도 중위도 최고기온의 최고치가 3℃ 정도 상승할 수 있다는 충격적인 결과를 제시하고 있다. 하지만 IPCC(기후변화에 관한 정부 간 협의체, Intergovernmental Panels on Climate Change)의 1.5℃ 온난화 보고서가 온난화의 영향을 너무 보수적으로 평가하였다는 비판이 많다는 점을 고려하면 우리가 당면한 위기의 심각성을 가늠할 수 있다.

## III. 인위적인 기후변화가 문제다

기후는 태생적으로 자연 변동성을 가지고 있다. 밀란코비치 이론에 따르면 기후는 지구 공전 궤도의 모양, 지축의 기울기, 세차 운동으로 인해서 길게는 수십만 년 짧게는 수만 년 주기로 바뀐다. 이는 빙기와 간빙기를 만드는 원인으로 알려져 있다. 이 외에도 태양 흑점의 변화, 강력한 화산 폭발로 인한 성층권으로 화산재 유입, 기후시스템이 가지고 있는 내부 변동성, 엘니뇨와 같은 해양과 대기의 상호작용 등이 기후변화의 원인이 된다. 하지만 현재 인류가 경험하고 있는 기후 위기는 자연 변동성의 범위를 벗어나 있다. 오히려 인류의 간섭으로 기후시스템이 변화하고 있는 상황에서 위기가 발생하고 있다.

2021년 8월에 발표된 IPCC 6차 보고서에 따르면, 인간 활동이 아니었으면 지금과 같은 규모와 속도의 온난화는 발생하지 않았을 것이다. 이는 부인할 수 없는 과학적 사실이다. 지난 10만 년간 가장 기온이 높았던 세기와 비교하여도 최근의 온난화는 유례가 없는 현상이다. 또한 지난 2,000년 동안에는 현재의 온도에 도달한 적이 없었다. 여러 지구시스템 모델(Earth System Models)에 따르면 산업혁명 이후 배출된 인위적인 온실가스의 영향이 없었다면 현재 지구의 기온은 낮아지고 있었을 것이다. 하지만 인류가 배출한 온실가스는 대기에 쌓이고, 농도 증가로 복사강제력이 높아져서, 현재의 급속한 온도 상승을 초래하였다(그림 1).

인류는 홀로세 이후에 안정된 기후에서 살아왔는데, 이는 대기의 이산화탄소 농도가 300ppm 정도로 유지되었기 때문이다. 안정적이던 기후 시스템은 인위적인 온실가스 배출량의 증가로 불안정해지기 시작했다. WMO(세계기상기구, World Meteorological Organization)에 따르면 2015

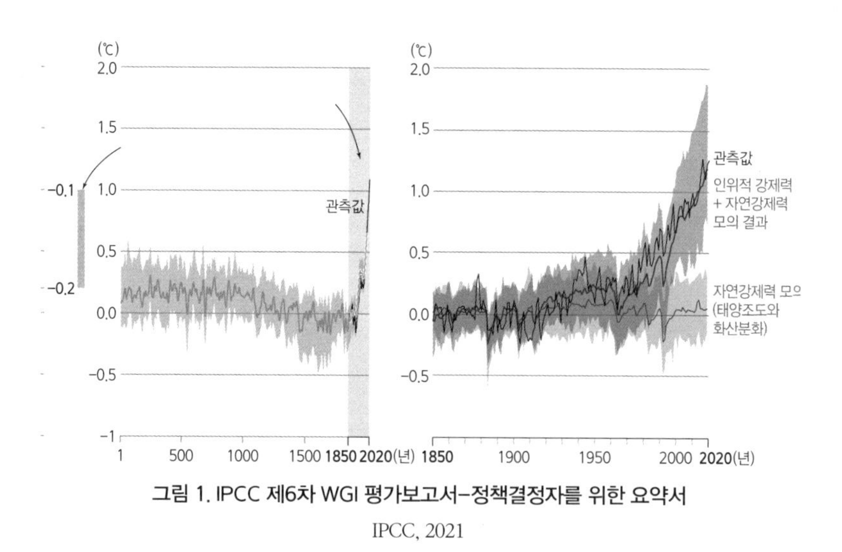


**그림 1. IPCC 제6차 WGI 평가보고서-정책결정자를 위한 요약서**

IPCC, 2021

년 전 세계 연평균 온실가스 농도가 관측 이후 처음으로 400ppm을 넘어섰다. Charles David Keeling 교수는 1958년부터 하와이 마우나 로아(Mauna Loa) 관측소에서 대기 중 이산화탄소의 농도를 관측하기 시작하였다(그림 2). 그 이후 전 세계 이산화탄소 농도는 급속하게 증가하는 추세를 보였고, 이를 킬링 곡선(Keeling curve)이라고 부른다.

대기 중 이산화탄소 농도는 자연적으로 뚜렷한 계절 변동성을 보여 주는데, 그 이유는 식생 때문이다. 북반구 중위도에는 넓은 식생이 존재하고, 광합성이 활발한 여름에 이산화탄소의 농도는 겨울보다 낮다. 즉 위도에 따라 차이가 있지만, 북반구의 여름인 6~9월에는 광합성이 활발해지면서 이산화탄소의 농도가 낮아지는 반면에, 낙엽이 떨어지고 식물이 성장을 멈추는 11월에서 3월까지는 이산화탄소 농도가 높아진다. 2021년 이산화탄소 농도는 최저점이 나타나는 9월에도 400ppm을 넘어섰고, 12월 현재 기준으로 약 410ppm에 이르고 있다. 우리나라의 상황은 훨씬 심각해서 2012년에 이미 연평균 이산화탄소 농도가 400ppm을 넘어섰고, 증가율도 전 세계 평균보다 크다.

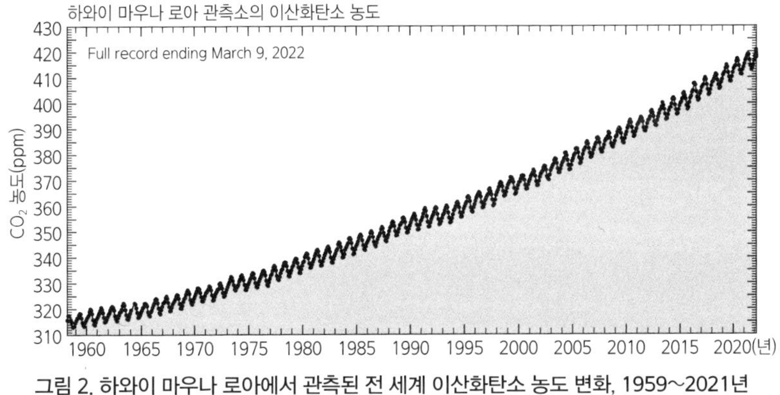


**그림 2. 하와이 마우나 로아에서 관측된 전 세계 이산화탄소 농도 변화, 1959~2021년**

https://keelingcurve.ucsd.edu/

# Ⅳ. 더욱 커지는 기온의 극한성

특정 지역의 현재 기후를 정의할 때는 평년, 즉 30년 평균을 사용한다. 전 세계적으로 동일한 기준을 사용하기 위해서 세계기상기구는 끝자리 0인 연도가 마무리되면 평년을 갱신하도록 권장한다. 따라서 10년마다 다양한 기후요소에 대한 새로운 평년값이 생산된다. 예를 들어 2022년 현재 우리나라의 기후 특성을 파악하기 위해서는 1991~2020년의 평년값을 사용해야 한다. 새로운 평년값은 지구온난화로 인한 기온 상승이 뚜렷해지기 시작한 1990년대 이후의 자료를 포함하여, 상승한 기온의 영향이 온전히 포함된 현재의 기후를 파악하게 된다. 예를 들어, 1991~2020년 평년값에 기반한 전주의 월평균기온은 1월에 0.0℃로 가장 낮고, 8월에 26.5℃로 가장 높다. 지구온난화의 영향이 미미하게 영향을 미친 1961~1990년 평년과 비교하면 모든 월에 0.2~1.2℃ 상승했다.

1961~1990년 평년을 기준으로 하면 전주의 1월 평균기온은 영하로 떨어졌지만, 새로운 평년값을 적용할 경우 전주에서는 월평균기온이 영하로 내려가는 달이 사라졌다. 이와 같은 기온 증가는 여름철의 무더위를 가중시킬 뿐만 아니라 겨울철이 온난하여 한반도 생태계에 위협이 되는 다양한 해충의 월동을 가능하게 한다.[1]

평균 상태는 그 지역의 기후 특성을 파악하고 그 변화를 탐지할 수 있지만, 기후의 극한상태는 사람들의 삶과 사회경제시스템에 직접적인 영향을 미친다. 우리나라는 여름이 열대기후와 같이 무덥고, 겨울은 한대기후와 같이 추워서 연중 기온 차이가 매우 크다. 새로운 평년(1991~2020

1. 전주의 강수량은 7월, 8월에는 각각 302.8mm, 289.6mm로 많다. 새로운 평년값에서 강수량은 7월과 8월에는 증가했으나, 6월과 9월에는 감소하여 뚜렷한 경향성을 파악하기 어렵다.

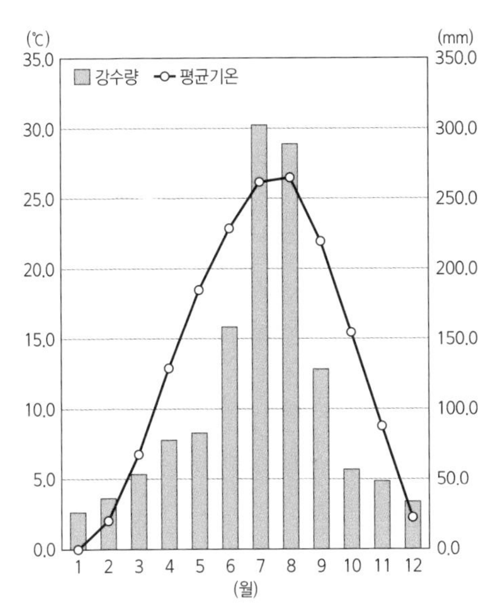


**그림 3. 새로운 평년(1991~2020년)에 기반한 전주의 클라이오그래프**

년)을 기준으로 전주에서 기록된 일최고기온은 38.9℃이고, 일최저기온은 −15.5℃로 그 차이가 무려 54.4℃에 이른다(그림 3). 전주에 거주하는 사람들이 실제로 체험한 온도 구간이다. 이런 최고기온과 최저기온은 사람들의 건강뿐만 아니라 에너지와 수자원 공급에 직·간접적으로 영향을 미친다. 또한 전주의 생태계에도 영향을 미친다. 이러한 극한기후로 인해 온열질환자가 늘어나고, 수도관의 동파 사고가 많아질 것이다.

같은 기간에 일최고기온 33℃가 가장 일찍 나타난 날은 2000년 5월 25일이었고, 가장 늦게 나타난 것은 1998년과 2008년에 9월 19일이었다(그림 4). 전주에서 폭염의 발생 가능 기간은 무려 118일이다. 우리나라 사람들은 6~8월을 여름으로 인지하고 있지만, 전주에서는 5월 말과 9월 중순까지 폭염이 나타나고 있는 것이다. 사람들이 한여름 더위에 적응하기 전에 찾아오는 이른 무더위는 더 큰 피해를 준다. 이는 폭염에 대한 새로운

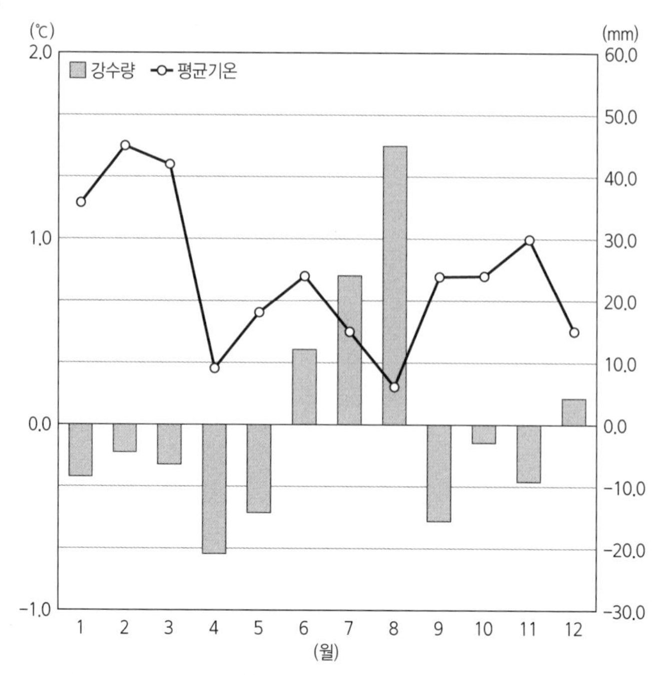


**그림 4. 1961~1990년과 1991~2010년 월평균기온과 강수량의 편차**
**(1991~2010년 평균에서 1961~1990년 평균을 빼고 산출)**

대책이 필요함을 보여 준다. 전주의 최장 폭염 기간은 2018년 7월 14일부터 8월 17일까지 무려 35일 동안 지속되었다(그림 5). 1961~1990년의 평균 폭염기간인 15일과 비교하여 20일 정도가 길어졌다. 지속 기간이 긴 폭염이 빈번하게 발생한다면 현재의 사회경제시스템으로는 대비하기 어렵다. 실제로 폭염의 강도가 강해지고, 지속 기간이 길어지고, 출현 시기가 빨라지면 인명과 재산 피해가 클 것으로 알려져 있다.

기후변화의 영향이 뚜렷하게 나타나지 않았던 1961~1990년과 대비하여 1991~2020년의 전주의 극한기후 특성은 고온과 관련된 극한성은 강화되고, 저온과 관련된 극한성은 약화되는 것을 볼 수 있다. 지구 기온의 상승으로 인하여 저온과 관련된 극한상태는 강도가 약해지고, 지

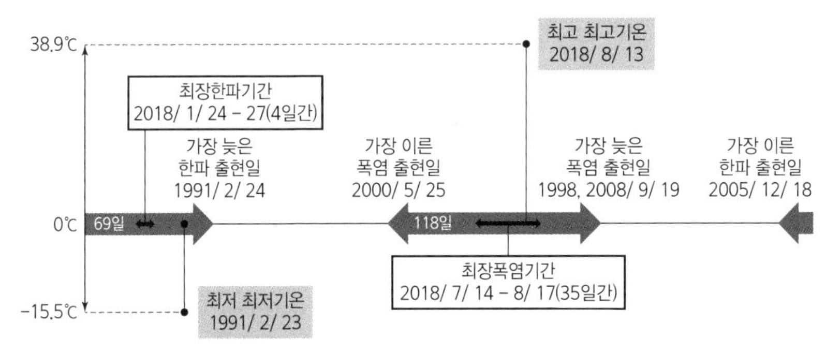


그림 5. 새로운 평년(1991~2020년)에 기반한 전주의 극한기온 현상

표 1. 1961~1990년 평년 대비 1991~2020년 평년의 전주 극한기후 특성의 변화

| 최고 최고기온 | 최저 최저기온 | 연극한기온교차 |
|---|---|---|
| +1.1℃<br>(37.8℃ → 38.9℃) | +1.1℃<br>(-16.6℃ → -15.5℃) | 0.0℃<br>(54.4℃ →54.4℃) |
| **폭염발생가능기간** | **최장폭염기간** | **한파발생가능기간** |
| +4일<br>(114일 →118일) | +20일<br>(15일 → 35일) | -18일<br>(87일 → 69일) |

(1961~1990 평년 → 1991~2020 평년)

속 기간도 짧아진다. 하지만 전주에서 기록된 최저기온은 -15.5℃로 1961~1990년에 기록된 -16.6℃보다는 1.1℃ 높지만, 여전히 낮다. 일 최저기온 -12℃ 이하의 한파 발생 가능 기간은 1991~2020년에 69일로 1961~1990년과 비교하여 18일 줄었지만 여전히 길다(표 1). 따라서 더워지는 것에 대한 대비뿐만 아니라 추위에 대한 대비도 여전히 필요하다.

# V. 여름은 더 길어지고, 더워질 것이다

현재의 지구온난화 속도를 늦추기 위해서 삶의 방식과 사회경제시스템에 강력한 기후변화 정책을 적용하지 않는다면 우리나라의 기후는 어떻게 될까? 현재의 고에너지 소비를 유지하는 RCP8.5 시나리오와 강력한 온실가스 감축 정책을 사용하는 RCP2.6 시나리오를 이용하여 우리나라에서 경험하게 될 미래 기후를 살펴보았다.[2] RCP는 Representative Concentration Pathways의 약자로 대표경로시나리오를 의미한다. 인구성장과 경제발달, 기술개발 속도, 기후정책의 변화를 반영하여 미래 온실가스 배출의 경로를 제시한다. RCP2.6 시나리오는 온실가스 저감정책과 재생에너지 기술개발 속도가 빨라서 2100년에 대기 중에 이산화탄소 농도가 420ppm을 유지하는 시나리오이다. 반면에 RCP8.5 시나리오는 화석연료에 의지하는 경제체제를 유지하여 2100년에 이산화탄소 농도가 940ppm에 도달한다는 시나리오이다. RCP8.5 시나리오에서는 2100년에 우리나라(남한)의 연평균기온은 현재보다 4.7℃ 높아지고, RCP2.6 시나리오에서는 연평균기온은 1.8℃ 높아질 것으로 전망된다. 하지만 현재 온실가스 감축 노력으로는 RCP2.6 시나리오에 기반을 둔 상황에 도달하는 것은 그리 쉬워 보이지 않는다.

일최고기온이 33℃ 이상인 날을 폭염일로 정의하면 서울의 경우에는 현재(1991~2020년 평균) 1년에 약 8.7일 정도의 폭염이 발생한다. 대구에서는 폭염이 약 27회 발생하여 우리나라에서는 그 빈도가 가장 높았고, 고도가 높은 대관령에서는 폭염이 한 번도 관측되지 않았다. RCP8.5 시

---

2. 2022년부터는 최신 온실가스경로인 SSP(Shared Socioeconomic Pathways)를 사용할 예정이다.

나리오에서 우리나라 고도가 높은 일부 지역을 제외하면 폭염일은 2100년에 최대 약 60~70일 정도로 증가한다. 1년에 두 달 정도가 일최고기온이 33℃ 이상의 무더운 날씨가 될 것이다.

하지만 RCP2.6 시나리오에서는 2100년에 일최고기온이 33℃ 이상인 날은 서울에서 연 23.5일 발생하여 현재보다는 증가하지만, RCP8.5 시나리오와 같이 절망적이지는 않다. 더 강력한 강도인 일최고기온 35℃ 이상인 날은 서울에서는 1991~2020년에 연 2.6일 발생했는데, 최근 10년(2011~2020년)에는 연 5.2일로 2배 정도 늘어났다. 같은 기간 동안에 대구에서는 연 11.4일에서 15.2일로 늘어났다. RCP8.5 시나리오에서 2100년에 일최고기온 35℃ 이상인 날은 서울에서는 연 40.4일, 대구에서는 연 39.9일로 현재보다 각각 16배, 3.5배 정도 증가할 것으로 전망된다. 현재까지 서울에서는 일최고기온 40℃ 이상인 날이 없었다. 하지만 RCP8.5 시나리오에서는 2100년에 40℃ 이상인 날이 서울에서 연 3.9일, 대구에서 약 6.1일 발생할 것이라고 전망된다. 또한 21세기 후반에 서울의 일최고기온은 최고 약 46℃까지 높아질 수 있는 것으로 전망되고, 40℃ 이상 기온의 발생 주기는 약 1.6년으로 나타난다. 하지만, RCP2.6 시나리오에서는 40℃ 이상인 날이 서울에서는 발생하지 않고, 대구에서도 약 0.2일 발생할 것으로 전망된다. 현재와 같은 사회 인프라 시스템과 적응 노력으로는 RCP8.5 시나리오의 암울한 전망을 벗어나기 힘들 것으로 예상되어 견디기 힘든 여름을 맞게 될 것이다.

폭염만큼 열대야의 문제도 우리의 일상을 위협한다. 낮 동안의 복사열이 야간에 충분히 냉각되지 않으면 열대야가 발생한다. 일최저기온이 25℃ 이상인 날을 열대야로 정의하면, 현재(1991~2020년 평균) 서울에서 12.5일 발생한다. 우리나라에서 열대야가 가장 빈번하게 발생하는 곳은 제주도 서귀포로 연평균 31.1일 발생한다. RCP8.5 시나리오에 기반을 두면 2100년에 열대야 일수는 빠르게 증가하여 서울, 부산, 인천, 대구, 광주를 포함한 대도시와 제주, 전라남도에서 60일을 넘어선다. 1년에 열대야가 두 달 정도 발생하게 되는 것이다.

RCP8.5 시나리오의 전망 결과를 보면 현재의 무더운 여름은 더 강해지고 길어진다. 하지만 RCP2.6 시나리오에서는 현재보다는 나쁜 상황이 되겠지만, 적응 노력으로 감당할 수 있는 수준으로 유지된다. 현재와 같이 기후시스템을 유지하는 것은 어렵지만 강력한 감축과 적응 노력으로 생존이 가능한 정도로 강도와 속도는 늦출 수 있다.

## VI. 겨울이 사라질 것이다

기상청은 기온을 기준으로 자연 계절을 정의한다. 일평균기온이 5℃ 이상 올라간 후 다시 떨어지지 않는 첫날을 봄의 시작으로, 일평균기온이 20℃ 이상으로 올라간 후 다시 떨어지지 않으면 여름의 시작, 즉 봄의 끝으로 정의한다. 이 기준을 가을과 겨울의 구분에도 적용할 수 있다. 일평균기온이 20℃ 미만으로 떨어진 후 다시 올라가지 않는 첫날을 가을의 시작, 일평균기온이 5℃ 미만으로 떨어진 후 다시 올라가지 않는 첫날을 겨울의 시작으로 본다.

자연 계절은 기온을 기준으로 사용하기 때문에 지역에 따라 계절이 출현하는 시기가 달라진다. 남쪽에 위치한 부산이나 대구는 서울이나 춘천보다 여름이 길고, 겨울이 짧다. 기온이 상승하면 계절의 시작과 끝, 길이에도 변화가 생기기 마련이다. 유라시아 대륙의 동단에 위치하여 대륙성 기후의 특성을 가지는 우리나라는 여름이 고온 습윤하고, 겨울은 한랭 건조하다. 계절의 순환을 고려하면 두 계절 사이에 봄과 가을이 존재한다. 봄과 가을의 시작, 끝, 그리고 길이는 여름과 겨울이 얼마나 강한 강도로 지속되느냐에 따라 달라진다. 겨울이 짧아지면 봄이 빨리 오고, 여름이 길어지면 가을이 늦게 온다. 우리나라에서 기온 상승으로 인한 중요한 계절 변화는 세 가지로 요약할 수 있다. 하나는 여름이 길어지고 더위가 강해지는 것이며, 또 다른 하나는 겨울이 일찍 끝나면서 봄의 시작 시점이 빨라지는 것이다. 마지막으로 겨울이 사라져서 사계절이 나타나지 않는 지역이 확장된다는 것이다.

지구온난화의 영향이 탁월하지 않았던 1911~1940년에 기상청의 자연 계절 기준을 적용하면, 서울에서는 겨울이 125일(11월 18일~3월 22일)이고, 여름은 98일(6월 9일~9월 14일)로 겨울이 여름보다 한 달 정도 길었다. 지구온난화의 영향이 일부 포함된 1961~1990년에는 겨울이 116일로 9일 줄었고, 여름은 107일로 9일 늘어나서 두 계절 간의 길이 차이가 10일

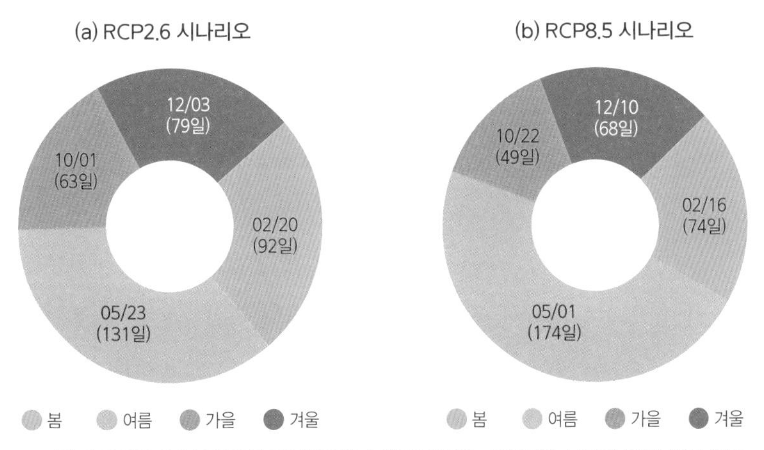


**그림 6. RCP2.6과 RCP8.5 시나리오에 기반한 2091~2100년 서울의 계절 길이 전망**
기상청 기후정보포털

로 줄었다. 1971~2000년에는 겨울이 113일, 여름이 111일로 그 차이가 거의 없어졌다가 1981~2010년에는 겨울이 108일, 여름은 116일로 여름이 8일 더 길어졌다. 1991~2020년에는 겨울이 108일, 여름은 121일로 여름이 더 길어졌다.

RCP8.5 시나리오 기반에서 2071~2100년 동안 서울의 여름은 168일, 겨울은 67일로 전망된다. 겨울이 대폭 줄어서 여름 길이의 반도 되지 않는다. 서울에서 현재 무더운 여름이 6월 초순부터 9월 중순까지 약 3개월 정도 유지되는 데 비해, 2100년에는 5개월 이상 지속되어, 1년에 반이 여름이 될 것이다. 여름이 길어질 뿐만 아니라 더위의 강도도 더 강해져 40℃ 이상 기온이 출현할 것이다. RCP2.6 시나리오에 기반을 두면 2100년 서울에서 여름은 131일, 겨울은 97일 정도로, 여름은 15일 길어지고 겨울은 11일 짧아져서 RCP8.5 시나리오보다는 훨씬 나은 상황이 될 수 있다(그림 6).

기상청의 자연 계절 길이에 따르면 1911~1940년에는 서울의 봄이 3월 23일에 시작하여 78일 정도 지속되었다. 1961~1990년에는 봄이 3월 17일(80일)에, 1971~2000년에는 3월 15일(79일)에, 지구온난화로 인하여 기온이 상승하면서 1981~2010년에는 3월 12일(79일)에 시작한다. 현재인 1991~2020년에 봄의 시작일은 3월 12일로 같지만, 종료일이 당겨져서 75일 지속되었다. 봄의 시작일은 계속 앞으로 당겨져서 1911~1940년과 비교하면 현재 약 11일 정도 빨라졌지만, 봄의 길이에는 큰 변화가 없다. 봄이 당겨지고 길이의 변화가 작다면 여름이 빨리 시작할 확률이 커진다는 것이다. RCP8.5 시나리오 기반에서는 2100년 서울에서 봄은 2월 16일에 시작하여 74일 정도 지속된다. 현재와 비교하여 약 24일 정도 빨라진다. RCP2.6 시나리오에 기반을 두면 봄은 3월 11일에 시작하여 73일 정도 지속될 것으로 전망되어 봄의 시작과 지속 기간의 변화가 매우 적다는 것을 볼 수 있다.

마지막으로 기온 상승으로 인한 계절 길이의 변화는 사계절의 존재를 불가능하게 할 수 있다. 현재 자연 계절적 의미에서 겨울이 없는 지역은 서귀포가 유일하다. 겨울이 없어서 가을의 끝과 봄의 시작이 없다. 결과적으로 여름과 봄/가을 두 계절만 남게 된다. 우리나라에서 비교적 고위도에 위치한 서울은 겨울이 짧아져도 4계절이 유지된다. 남쪽에 위치한 부산의 경우에 현재(1991~2020년)는 봄, 여름, 가을, 겨울의 길이가 각각 121일, 113일, 83일, 48일로 겨울이 짧지만, 그래도 4계절이 존재한다(그림 7). 하지만 RCP8.5 시나리오 기반에서는 2071~2100년에는 겨울이 없어지면서 봄과 가을의 구분이 사라지고, 여름(177일)과 봄~가을(188일)만 존재하여 계절이 2개로 줄어든다.

이와 같은 계절 길이의 변화는 사회경제시스템의 여러 변화를 일으킨다. 일단 농작물의 파종 시기가 빨라지고, 수확 시기도 빨라지게 되어 이

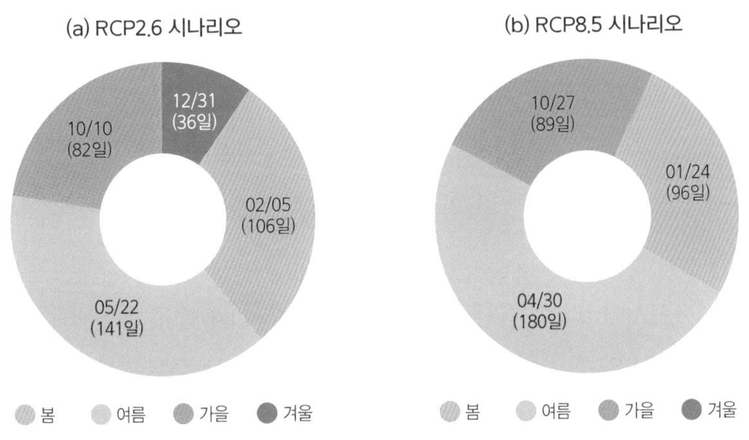


**그림 7. RCP2.6과 RCP8.5 시나리오에 기반한 2091~2100년 부산의 계절 길이 전망**
기상청 기후정보포털

모작이 가능한 지역이 넓어질 것이다. 초중고교의 방학도 현재는 겨울 방학이 길지만, 여름방학의 기간 조정이 필요하다. 현재 난방과 냉방에 사용되는 에너지의 비율은 거의 비슷하지만, 미래에는 여름 냉방에 필요한 에너지가 훨씬 많아질 것이다.

## VII. 아열대기후형이 탁월하게 될 것이다

현재는 온대와 냉대 기후가 탁월한 우리나라의 기후형이 기온 상승 경향과 고온화로 인해 어떤 변화를 겪게 될지 관심이 커지고 있다. 트레와다(Trewartha)의 기준에 따라 우리나라를 아열대기후형으로 정의하면 월평균기온이 10℃ 이상인 달이 8개월 이상 지속되어야 한다. 현재 우리나라의 남부와 제주 해안을 따라서 좁은 지역에 아열대기후형이 위치한다. 우리나라에서 아열대기후형이 차지하는 면적은 약 7%이다.

우리나라의 12월, 1월, 2월은 시베리아 고기압의 영향으로 월평균기온이 10℃보다 크게 낮다. 그다음으로 온도가 낮은 달이 11월과 3월로 두 달 중에 한 달이라도 10℃가 넘으면 아열대기후형으로 분류된다. 대관령을 제외한 남한 모든 지점에서 4~10월까지 7개월 동안 10℃가 넘는 상황에서 상대적으로 온난한 11월만 10℃가 넘어가면 온대에서 아열대기후형으로 전환된다.

RCP8.5 시나리오에 기반을 둔 결과에 따르면 2100년에 태백산맥과 소백산백의 높은 산지 지형을 제외하면 우리나라의 약 50%가 아열대기후형에 속하게 되고, 현재 아열대기후형으로 분류되는 지역보다 훨씬 높은 기온 상태에 이를 것이다. 기온과 습도를 고려했을 때 이미 열대기후의

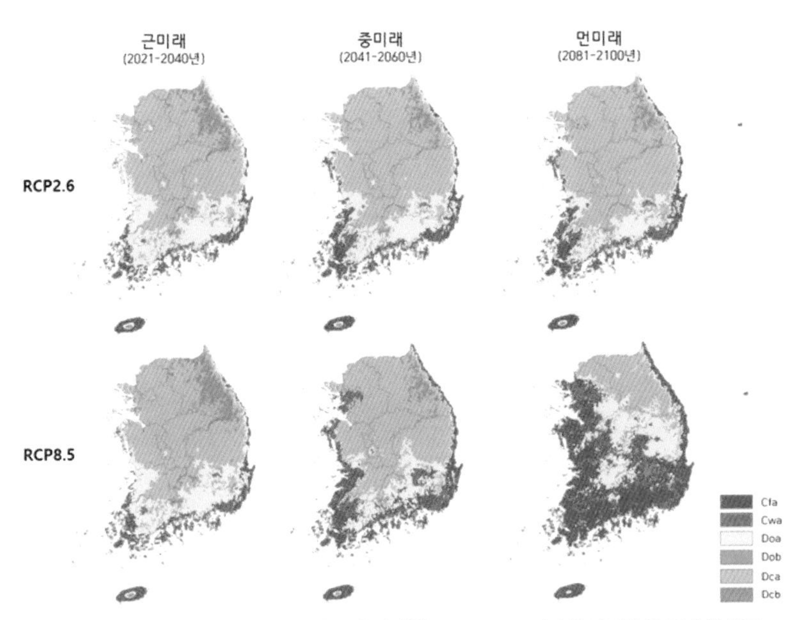


**그림 8. RCP2.6과 RCP8.5 시나리오에 기반한 2081~2100년 우리나라의 기후형 분포**

최영은 외, 2018

특성을 보여 주는 우리나라의 여름은 더욱 더워지고, 겨울도 아열대기후의 특성을 보이게 될 전망이다. 반면에 RCP2.6 시나리오에 기반을 둔 결과는 동해안과 서해안을 따라 소폭의 아열대기후형 확장을 보여 준다(그림 8).

아열대기후형의 확장과 더불어 여름이 서늘한 기후형이 축소되는 변화가 뚜렷해진다. 이는 겨울철 추위의 약화로 이어진다. 최저기온지수(Minimum Temperature Index of the Coldest Month)는 최한월의 추위 정도를 보여 주는 지수이다. 식생의 유형에 따라 최적 최저기온지수의 범위가 달라진다. 예를 들어, 소나무는 최저기온지수가 −82.7~−37.5에서 최적으로 성장한다. 난대성 수목인 동백나무는 −33.5~−5.9에서 건강하게 자랄 수 있다. 우리나라에서 흔히 볼 수 있는 상수리나무의 최저기온지수

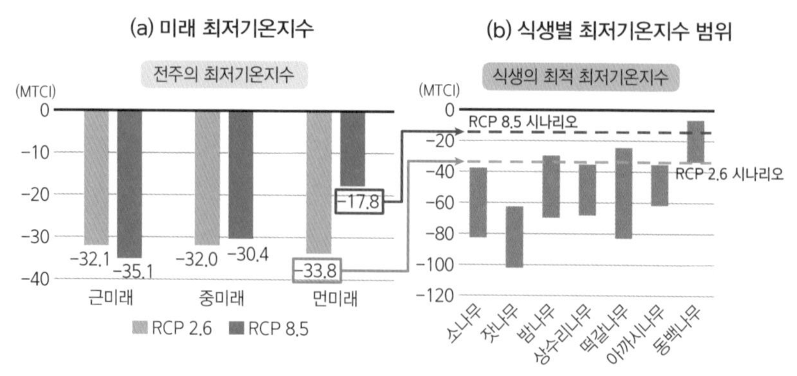


**그림 9. RCP2.6과 RCP8.5 시나리오에 기반한 근미래(2021~2040년), 중미래(2041~2060년), 먼미래(2081~2100년)의 최저기온지수(a)와 식생별 범위(b)**

는 −68.8~−35.4로 소나무보다 추위에 약하다.

RCP2.6 시나리오는 2081~2100년에 전주의 최저기온지수가 −33.8을 나타내며, RCP8.5 시나리오에서는 급격한 기온 상승의 영향으로 그 값이 −17.8로 증가한다(그림 9). 수종별 최저기온지수의 최적 범위를 살펴보면, RCP2.6 시나리오의 먼미래에서 밤나무와 떡갈나무 등은 전주에서 건강하게 유지되지만, 소나무, 상수리나무, 아까시나무 등은 자연 서식이 어려워진다. RCP8.5 시나리오의 먼미래에서 소나무, 밤나무, 떡갈나무와 같은 우리나라 대표 수종이 전주에서 최적 범위를 벗어나고, 현재 제주도 해안과 남해안을 따라 서식하는 동백나무가 2041~2060년 이후부터 자연 상태에서 전주에서도 서식 가능할 전망이다.

## VIII. 대도시는 무더위에 더욱 취약하다

세계 인구의 약 50%가 도시에 살고 있고, 이들은 온실가스의 약 75%

를 대기로 쏟아내고 있다. 이는 대기의 이산화탄소 농도를 높여서 현재의 기후 위기를 초래했다. 특히 우리나라의 무더운 여름에 지구온난화와 도시 열섬이 더해져 극한 고온 현상이 가속되고 있어서 이에 대한 대책이 시급한 상황이다. 지구온난화는 알려진 바와 같이 대기 중에 인위적으로 배출된 온실가스 농도가 증가하여 나타난다.

도시 열섬은 조금 더 복잡하여 다음의 3가지 원인으로 발생한다. 첫 번째는 아스팔트와 콘크리트 같은 도시 피복은 녹지나 토양보다 반사도가 낮아서 더 많은 에너지를 흡수한다. 거기에 더하여 높은 건물의 증가와 건물 밀집도가 커지면서 에너지를 흡수하여 저장할 수 있는 표면적은 더 넓어진다. 두 번째로 도시에서는 녹지 면적의 비중이 작아서 토양수분을 저장할 공간이 부족하다. 토양수분은 수증기로 증발하면서 주변의 열을 흡수할 수 있지만, 건조한 도시의 대기에서는 냉각 현상이 나타나지 않는다. 마지막으로 도시는 비도시 지역에 비하여 인공적으로 방출되는 열이 많다. 일상에서 사용하는 가전제품, 자동차, 에어컨 등은 모두 다량의 열을 방출한다.

양평은 서울에 인접해 있지만 도시 피복의 비율이 월등히 낮다. 양평과 서울의 낮 최고기온은 비슷한 양상으로 변화하고 있어 두 도시 간에 차이가 비교적 작다. 하지만 밤이 되면 상황이 달라진다. 높고 조밀한 건물로 인해서 냉각과 공기의 순환이 원활하게 일어나지 않고, 도시 피복으로 인해 낮 동안에 저장되었던 열이 방출되며 서울의 온도가 양평보다 높게 나타난다. 양평은 최고기온이 33℃가 넘는 폭염이 발달해도 보통 열대야로 이어지지 않는다. 반면 서울은 한낮의 폭염이 야간의 열대야로 이어지고, 그다음 날에 다시 폭염의 강도가 커지며 다시 열대야로 이어진다. 최근 10년(2011~2020년) 동안에 서울과 양평에서 연평균 폭염 일수는 각각

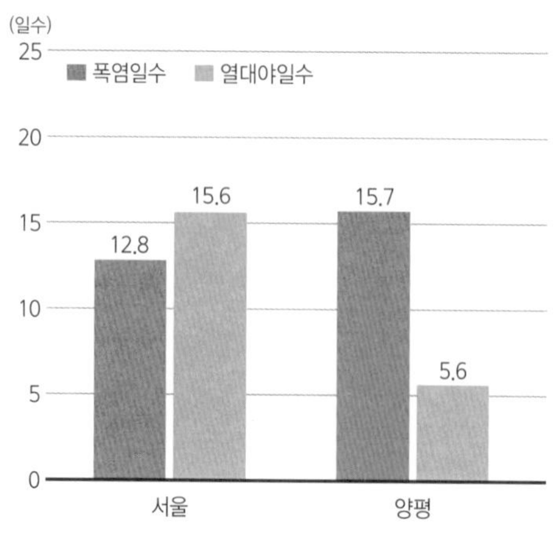


그림 10. 서울과 양평의 폭염 일수와 열대야 일수(2011~2020년)

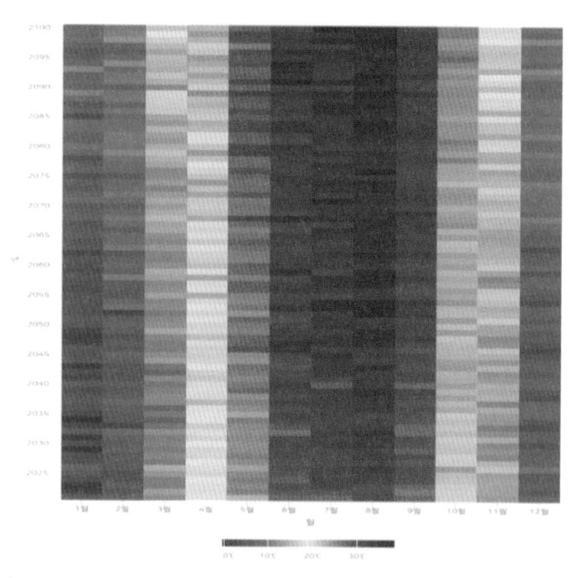

그림 11. RCP8.5 시나리오에 기반한 2021~2100년 서울의 월별 최고기온 전망
기상청 기후정보포털

12.8일과 15.7일로 그 차이가 크지 않지만, 열대야 발생 일수는 각각 15.6일과 5.6일로 서울이 약 3배가 많다(그림 10).

이와 같은 이유로 동일한 위도의 주변 지역보다 서울, 대전, 대구, 광주, 부산 등 대도시에서 기온이 더 높게 나타난다. 1년 중 8개월의 월평균기온이 10℃가 넘는 아열대기후형은 현재 제주도 해안과 남해안을 따라 좁게 나타난다. 그러나 미래 온난화 시나리오에서 아열대기후형은 점점 북상하는데, 이런 변화는 도시에서 더 급속하게 일어난다. RCP8.5 시나리오에 따르면 2100년에 우리나라 광역시는 모두 아열대기후형으로 바뀐다. 기후정책이 반영된 RCP4.5 시나리오에서조차 서울, 대구, 광주가 아열대기후형으로 바뀔 것으로 전망된다. 또한 이런 시나리오에서 서울의 폭염 일수와 열대야 일수는 60일까지 증가할 것으로 전망된다. 현재(2011~2020년) 서울의 최난월인 8월 평균 최고기온은 30℃로 가장 높고, 그다음으로 7월, 6월, 9월 순이다. RCP8.5 시나리오에서 종로구는 2041~2050년에는 7월에, 2061~2070년에는 6월에, 2071~2080년에는 9월에 월평균 최고기온이 30℃에 도달하여, 8월과 같은 더위가 4개월 정도 유지될 전망이다(그림 11).

## IX. 나오며

온난화가 지속되어 여름이 극도로 고온화되고, 아열대기후형이 확장되면 우리나라는 현재와는 다른 사회경제시스템과 인프라가 필요할 것이다. 작물의 파종, 수확 시기가 달라지고 품종은 변화할 것이다. 작물의 성장 가능 기간은 길어지나 생산성과 품질을 보장할 수 없다. 여름 열파나 폭염으로 인한 보건 비용은 크게 증가할 것이다. 40℃ 이상의 기온 출현은 현재 전력 생산 시스템에 치명적인 영향을 줄 수 있다. 기온이 너무 높아져서 전력을 생산할 수 없는 상황이 되면 냉방시설 없이 견디어야 하는 상황이 도래할 것이다.

인간의 생체는 고온과 고습 상태에서는 열 방출이 잘되지 않아 체온이 상승하여 사망에 이를 수 있다. 35℃ 기온에서 상대습도가 55%에 도달하면 극히 위험해지고, 80%가 넘으면 열사병으로 사망할 수 있다. 40℃ 상태에서는 더 치명적이어서 상대습도가 30%만 되어도 위험하고, 45%면 열사병이 발병한다. RCP8.5 시나리오에 기반을 둔 결과를 보면 우리나라에서 여름의 낮 시간에는 실외활동이 거의 불가능해지는 기간이 길어질 것이다. 또한 이와 같은 현상으로 겨울이 짧아지고, 덜 추워지면 현재의 한반도 생태계를 유지하는 것도 어려워 보인다.

독일 NGO 단체인 저먼워치(German Watch)는 온실가스 배출량, 재생가능 에너지 사용량, 1인당 에너지 사용량, 기후정책 등 4개 지표를 고려하여 국가별 기후변화 실행 지수(Climate Change Performance Index, CCPI)를 발표한다. CCPI는 '매우 높음', '높음', '보통', '낮음', '매우 낮음' 등 5단계로 평가한다. 2022년에도 '매우 높음'의 기준에 도달한 국가는 없었고, 최고 순위는 4위로 덴마크가 '높음'으로 차지하였다.[3] 2022년에 우리나라는 '매우 낮음'의 등급을 받았고, 대상 국가 중에 60위를 기록했다. 이는 2021년보다 7단계 하락한 것이다.

우리나라보다 실행 지수가 낮은 나라는 캐나다, 이란, 사우디아라비아, 카자흐스탄 등 4개국뿐이었다. 덴마크, 스웨덴, 노르웨이, 영국, 아일랜드 등의 국가에서는 국회가 기후 위기를 선포하며 탄소제로에 이미 도달했거나, 2030년을 목표로 강력한 탈 탄소정책을 실행하고 있다. 우리나라도 2020년 12월 10일에 '2050 탄소 중립'을 선언하였다. 또한, 탄소중

---

3. 모든 기준을 만족한 '매우 높음'에 해당하는 1~3위는 없고, 최고 순위는 4위이다.

립기본법을 제정하여서 '2050 탄소 중립'을 법제화한 14번째 국가가 되었다. 2030년 온실가스 저감 목표를 2018년 대비 35% 이상으로 명시하는 등 다각적인 노력을 기울이고 있지만 갈 길이 멀어 보인다.

온실가스 배출량의 극적인 감축만이 현재 진행되는 기후 재앙을 막고 인류가 생존할 수 있는 유일한 방안이다. 하지만 전 세계 온실가스의 배출량은 줄어들지 않고, 오히려 2017년, 2018년, 2019년 3년 연속으로 증가했다. 우리에게는 그리 많은 시간이 남아 있지 않다. 우리가 지금 바로 행동하지 않으면 우리 청년들의 미래는 재앙이 될 것이다. 지구온난화의 속도를 늦추고, 강도를 낮추어서 기후시스템의 변화를 최소화할 수 있는 모든 방법을 동원해야 할 때다. 더 이상 지체할 시간도 없고 누가 대신해 줄 수도 없다. 내가 곧 행동에 옮겨야 할 때다. 가능한 한 빨리 지구를 구하기 위한 새롭고 강화된 기후 행동을 준비해야 한다.

### 참고문헌


강권민, 최영은, 김유진, 민숙주, 최다솜, 김기영, 이도영, 2021, 신평년값(1991~2020년)을 이용한 우리나라 기후형 구분과 특성에 관한 연구, **기후연구**, 16(3), 1-17.

건국대학교 인류세인문학단, 2020, **우리는 가장 빠르고 확실하게 죽어가고 있다**, 들녘.

기상청, 2015, **전지구기후서비스체제(GFCS) 이행을 위한 국내 기후정보 개발 및 서비스 개선 연구**.

김연옥, 1995, **기후학**, 정음사.

이승호, 2022, **기후학(제3판)**, 푸른길.

최영은, 김유진, 김민기, 박미나, 민숙주, 권영아, 김맹기, 2018, 고해상도 격자 기후자료를 이용한 우리나라의 상세 기후지역구분과 미래 전망에 관한 연구, **기후연구**, 13(4), 247-261.

홍제우, 홍진규, 이성은, 이재원, 2013, 자동기상관측소의 국지기후대에 근거한 서울 도시 열섬의 공간 분포, **대기**, 23(4), 413-424.

IPCC, 2021: Summary for Policymakers. Masson-Delmotte, V., Zhai, P., Pirani, A., Connors, S. L., Péan, C., Berger, S., Caud, N., Chen, Y., Goldfarb, L., Gomis, M. I., Huang, M., Leitzell, K., Lonnoy, E., Matthews, J. B. R., Maycock, T. K., Waterfield, T., Yelekçi, O., Yu, R., Zhou, B. (eds.), *Contribution of Working Group I Climate Change 2021: The Physical Science Basis*, to the Sixth Assessment Report of the Intergovernmental Panel on Climate Change.

기상청 기후정보포털, http://www.climate.go.kr/home/

CCPI(Climate Change Performance Index), https://ccpi.org/download/climate-change-performance-index-2022-2/

Keeling Curve, https://keelingcurve.ucsd.edu/

5장

# 기후변화 대응교육과 지리교육

김다원

광주교육대학교 사회과교육과 교수

# I. 들어가며

기후변화 교육은 학교의 역할이지만 특히 지리교육의 중요한 역할이다(Hicks, 2015). 지리는 사회가 자연환경을 어떻게 변화시키며 사회화에 따른 인간 생활의 층위를 어떻게 형성하는지 그리고 자연은 어떻게 사회를 규정하는지를 보여 준다(Peet, 1998). 그래서 지리교육은 기후변화와 같은 글로벌 이슈 학습에서 발생한 곳의 지리적 환경과 그 환경에서 이뤄지는 사람들의 생활을 이해하는 데서 출발하여 삶의 환경을 개선하고 인간답게 만드는 것에 대한 통찰력을 얻게 하는 데 기여한다.

1992년 브라질 리우에서 개최된 유엔환경회의에서는 지구온난화 방지를 위해 온실가스의 방출을 규제하기 위한 협약으로 '기후변화에 관한 유엔 기본 협약'을 채택하였다. 이후 구체적인 이행 방안으로 1997년에는 교토의정서를 채택하였고, 2015년에는 파리 기후변화 협약에 지구 평균 온도를 산업화 이전 수준 대비 2°C 이상 상승을 막기 위해 온실가스 배출량을 단계적으로 감축하자는 내용을 담아 채택하였다. 1988년에는 세계기상기구와 유엔환경계획이 기후변화 문제에 대처하기 위해 공동으로 기후변화에 관한 정부 간 협의체(IPCC)를 설립하여 인간 활동에 대한 기후변화의 위험도를 평가하고 있다. 최근 IPCC에서는 온실가스 배출이 계속됨에 따라 지구온난화는 더 심해지고 기후시스템을 구성하는 요소들이 장기적으로 변화하여 인간 및 생태계에 심각하게 돌이킬 수 없는 영향을 미칠 수 있음을 경고하였다(IPCC, 2014, 8). 이렇게 국제사회는 빠르게 증가하는 기후변화 위험을 경고하고 있으며 이에 대한 대비와 관심을 촉구하고 있다.

특히 코로나19의 발생으로 인해 기후변화에 대한 관심과 대응 준비는 더 이상 선택이 아닌 필수적인 사회적 해결과제가 되었다. 우리나라를 포함한 동북아시아의 온난화 속도는 세계 평균치를 상회하고 있고 계절의 시기 변화도 나타나고 있는 등 기후변화는 자연환경, 사회경제 영역에 점차로 큰 영향을 미칠 것으로 전망하고 있다(김정은 외, 2007; 박선엽, 이수경, 2019). 인간에 의한 생태계 파괴는 생물의 다양성 감소, 해수면 상승, 해충의 창궐, 사막화 등 코로나19와 같은 재난을 넘어서서 인류의 생존을 위협할 기세이다(공우석, 2021). 특히 지구온난화는 고산, 습지, 사막, 열대우림 등 사람의 발길이 잦지 않은 곳의 생태계에도 큰 부담을 주고 있다. 그래서 지금은 고탄소에서 저탄소로 기후환경의 절실한 변화가 요구되는 시점이다(Hicks, 2018).

그간 교육과정에 포함된 기후 내용만으로 급격한 기후변화를 완화하고 적응할 수 있는 기후변화 대응 능력을 키울 수 있을까? 지구온난화로 인해 기후변화의 속도가 더 빨라지고 있고 기후변화의 양상도 다양해지고 있다. 무엇보다도 현재의 기후변화는 자연적 원인보다 인간에 의해 부추겨진다는 점이며 기후변화는 결코 일부 지역에 한정되어 있지 않기 때문에 전 인류의 과제가 되었다(공우석, 2021, 20). 기후변화에 따른 생활 모습과 사회현상을 파악하고 이에 대응할 수 있는 교육이 필요하다.

## II. 기후변화와 기후변화에 대응하는 기후교육

### 1. 기후와 기후변화

기후를 이해하기 위해 필수적으로 알아야 할 기후 내용에는 기후요소, 기후인자가 있다. 초, 중, 고등학교 기후학습에서 배우는 내용이다. 즉, 기온, 강수량, 바람을 주요 내용으로 하는 기후요소와 위도, 지리적 위치, 수륙분포, 해발고도, 지형, 식생, 해류 등을 주요 내용으로 하는 지리적 인자와 대기대순환, 기압 배치, 전선 등의 기상학적 인자 등이 기후 내용으로 구성되어 있다. 이러한 기후요소와 기후인자에 대한 학습을 통해서 학생들은 일상의 날씨뿐 아니라 장소와 지역의 기후 특성을 살펴보고, 기후와 상호작용하면서 살아가는 다양한 사람들의 생활 모습과 사회현상을 맥락적으로 파악하고 이해한다. 기후요소와 기후인자를 중심으로 기후와 생활 모습을 관련지어 파악하게 하는 방향의 기후교육이었다.

그런데 산업화에 따라서 사회 여러 면에서 많은 변화가 나타났다. 공장과 도로가 많이 만들어졌고 교통과 통신 수단이 발달하였으며 이에 따라 사람들의 이동이 잦아졌다. 그리고 교통과 산업이 발달한 곳에는 도시가 형성되었다. 이러한 과정에서 풍부한 삼림은 개간되어 경작지, 공장용지, 교통로와 도시 지역으로 변했고, 석유와 석탄 사용의 증가로 인해 대기 중 오염 물질은 폭발적으로 증가하였다. 도시에는 인구가 집중하면서 더 많은 삼림의 개간이 필요해졌고 도로 건설과 교통수단의 이용도 많아졌다. 즉, 인위적인 원인에 의해 세계의 기후환경은 변질의 가능성을 안게 되었고 실제적으로 변화를 하고 있다. 소위 인간이 만든 기후환경과 기후변화가 주목을 받게 되었다(김연옥, 1977, 46).

기후변화는 작은 변화가 나타나고 있을지라도 장기간 축적되면 커다란 영향을 미칠 수 있기 때문에 우리 인류가 직면하고 있는 가장 심각한 문제 중의 하나로 제시되고 있다(최영은, 2016). 일반적으로 기후변화는 대기권, 수권, 암석권, 생물권으로 구성되는 지구생태시스템의 변화에서 발생한다(김연옥, 1977, 41; 최영은, 2016). 이 지구생태시스템에서 일부 변화가 발생하면 기후변화의 원인으로 작용하여 대기, 물, 암석, 생물 환경의 변화를 유발한다는 것이다.

세계기상기구(WMO)에서는 기후가 변화하는 모든 형태를 기후변화라고 하며 특정 기간 기온이 상승하거나 하강하는 변화, 지금까지의 평균 상태와 다른 평균 상태의 지속화, 규칙적이거나 불규칙적으로 반복되어 나타나는 기후의 변동성 등을 모두 기후변화라고 하였다(최영은, 2016, 176). 세계에서 기후변화는 기온 면에서는 평균 기온의 상승, 기온의 변동성 증가, 여름철 폭염 일수 증가, 겨울 한파 일수 증가 등의 면에서 변화가 나타나고 있다. 강수량에서는 집중호우의 빈도 증가, 겨울철 폭설의 빈도 증가, 지역별 가뭄과 홍수의 발생 빈도 증가 등에서 변화가 나타나고 있다. 그리고 기후변화는 궁극적으로 지구상의 생물에도 영향을 미치고 있다. 지구상에서 사라지는 생물이 있는가 하면 새로운 바이러스가 나타나서 전염병의 원인이 되기도 한다. 즉, 우리 인간의 생존을 위협하고 있다.

그래서 Hicks(2018, 79)는 기후변화는 우리에게 '나쁜 문제'이며 그러기 때문에 모든 사람에게 참여의 책무를 주고 있다고 하였다. 즉, 기후변화는 각종 산업, 생태계, 삼림자원, 재해를 포함해 여러 분야에 문제를 일으키면서 인간 생활을 위협하기 때문에 기후변화를 완화하고 적응하기 위한 대책을 세워야 한다. 자연적 원인에 의해 나타나는 기후변화도 있지만 인간에 의해 배출된 이산화탄소, 메탄가스, 염화불화탄소 등의 온실기체의 영향도 크게 작용하고 있다. 기후변화에 체계적으로 대응하기 위해서는 일시적인 이벤트나 호소보다는 많은 사람들의 관심과 이에 대응할 수 있는 능력을 키워 주는 교육이 무엇보다 필요하다.

## 2. 기후변화에 대응하는 기후교육

인간 생활의 모든 면에서 기후환경의 영향은 크게 나타난다. 인간 생활의 가장 기초적인 영역인 의식주 생활에서부터 취향에 따른 여가생활과 문화에 이르기까지 기후환경의 영향 안에 있다. 의생활은 사람이 사회인으로 갖춰야 하는 예의의 측면에서 필요성이 크다 하지만 그에 못지않게 환경 안에서 생존을 위해 절대적으로 필요하다. 이는 4계절이 뚜렷한 우리나라의 기후환경에서 발달한 우리의 4계절 의복문화에서 찾아볼 수 있다.

식생활에서도 기후환경의 영향은 크다. 음식은 개인의 삶의 질과도 관련되어 있지만 무엇보다도 인간의 삶에서 생존을 위해 반드시 필요하다. 음식의 식재료는 자연환경의 영향을 많이 받는 것이어서 환경에 따라 생산 가능한 식재료를 활용하여 지역별로 다양한 음식문화가 발달해 왔다.

일찍이 벼농사가 가능했던 아시아에서는 쌀을 이용한 여러 가지 음식문화를 만들었다. 이는 벼농사보다는 밭농사, 목축업에 적합한 기후환경이 나타났던 유럽에서 고기와 빵을 중심으로 하는 음식문화가 발달한 것과는 대비되는 음식문화라고 할 수 있다. 이렇게 기후환경은 사람들의 생존과 미각 문화를 위한 음식문화 발달에 영향을 주었다.

주거문화 또한 기후환경 안에서 기후의 특성을 잘 반영하고 있다. 우선 인구와 취락의 분포를 보면, 살기 좋은 온대 기후 지역과 일정량의 강수량을 획득할 수 있는 곳에 밀집 분포해 있다. 양극지방, 고산, 건조, 적도 주변 등에는 희박한 인구 분포를 보여 준다. 또한 가옥의 재료는 주변에서 구하기 쉽고 환경에 큰 훼손을 주지 않는 것들을 사용하였고 가옥의 구조는 무더위와 추위를 극복할 수 있는 방식으로 고안하여 사용하였다. 여름이 더운 남부지방에서는 여름철 시원하기 지낼 수 있게 넓은 대청마루를 만들었고, 창문을 크게 그리고 바람이 잘 통할 수 있는 구조로 만들었다. 추운 겨울을 대비하기 위해서 온돌 방식을 활용한 것도 기후환경에 적응하기 위한 사람들의 지혜의 결과물이었다고 할 수 있다. 터돋움집, 우데기, 긴 처마, 흙벽, 돌담 등 모두 기후환경이 인간 생활에 미친 영향의 결과물이라고 할 수 있다. 기후는 지역의 자연환경과 인간 생활에 영향을 미치며 지역성 형성에서 중요한 변수로 작용한다(송호열, 1999). 기후의 영향을 받지 않고 살아가는 사람은 없다. 지표면의 지리적 현상을 탐구하고 환경과 인간 생활 간의 관계를 탐구하는 지리교육에서 기후교육의 필요성을 여기에서 찾을 수 있다.

그간 기후교육에서 인간과 환경과의 관계 탐색에 주력했다면 이제는 인간과 환경 간의 구체적인 상호작용을 되돌아보고 기후환경의 빠른 변화를 완화하고 기후변화에 적응할 수 있는 교육도 필요하다(공우석, 2021;

기근도, 2018; 심광택, 2020; 조철기, 2019). 기후환경을 보호하고 지속가능한 미래를 열어가기 위해서는 자연에 대한 그리고 자연을 위한 교육으로는 부족하며 학습자가 인간중심주의를 윤리적으로 실천함으로써 극복해 가야 한다(Kopnina, 2017, 137; 심광택, 2020, 4에서 재인용).

Hicks(2019)는 기후변화와 같은 이슈 교육은 단지 지식의 획득으로 해결될 수 없으며 기후변화 자체에 대한 깊은 이해에 기반하여 기후변화에의 관심 그리고 적극적 참여와 행동으로 연결되어야 한다고 하였다. 기후변화 교육을 통해서 관련 지식을 획득할 뿐 아니라 정서적으로 긍정적인 동기 요인을 갖고 있어야 하며 협력적, 효과적으로 기후변화 문제에 참여할 수 있어야 한다는 것이다. 그래서 Hicks는 지식, 감성, 적절한 행동 선택과 행동에의 참여가 이뤄질 수 있도록 교육의 홀리스틱 접근을 강조하였다. 그는 기후변화 교육을 크게 네 개의 영역으로 구분 제시하였다(Hicks, 2019). 기후변화에 대한 교육으로 기후변화의 영향, 기후변화의 원인, 기후변화에의 대응으로 기후변화 완화와 기후변화에의 적응이다. 기후변화에 대한 교육에서는 영향과 원인을 중심으로 주로 관련 내용 지식을 학습하고 기후변화에의 대응에서는 학습자 중심의 참여에 의한 대응 방안을 찾고 행동으로 실천하는 방향의 교육이다.

여기에서는 사회변화와 경제활동에 대해 문제제기를 하고, 기후변화 문제를 단순히 자연적 원인에 돌리지 않고 적극적으로 인구과잉, 자원 소비, 과도한 소비와 생산과 같은 여러 가지 사회적 요인들과 연계하면서 기후환경을 글로벌 시스템 환경 안에서 다른 사회적, 경제적 환경과 연결하여 설명하고 해결할 수 있는 교육을 포함한다(Huckle, 1988, 64; Matthewman, Morgan, 2013, 98에서 재인용). 기후, 기후변화에 대한 지식교육 뿐 아니라 기후환경과 인간 간의 구체적인 상호작용을 파악하고 성찰하며, 보다 나은 미래 시나리오를 설정하고 적극적인 시민성을 실천할 수 있는 교육을 요구한다. 인식과 지식이 행동을 반드시 이끌어 내는 것은 아니다(Chang, 2014; Chang, Wi, 2018). 그래서 교사 중심의 지식 주입의 방식에서 벗어나기를 요구하며 인간의 생존이 가능하도록 사회를 조직화할 수 있는 대안적 방법을 탐색하려는 글로벌 시민성 함양 교육을 요구한다.

글로벌 시민은 글로벌 공동체의 상호연계성, 글로벌 사회현상 및 문제에 대한 공감, 글로벌 책무성을 갖는다는 면에서 글로벌 사회 구성원을 동등한 인류로 받아들인다는 것을 의미한다(Carvalho, 2007). 모든 사람은 직·간접적으로 자신의 로컬 경험에 의해 글로벌 사회의 여러 가지 실체와 연결되기 때문에 모든 사람은 이러한 맥락에서 글로벌 시민이라고 할 수 있다(Chang, Wi, 2018). 로컬의 행동을 글로벌 현상과 연결하여 살펴볼 수 있는 예로서 기후변화를 사용할 수 있다. 기후변화 관리 및 해결은 국제적, 국가적, 로컬의 협력적 노력 없이는 이뤄질 수 없다. 어떤 개인적 행동의 환경적 영향도 기후변화에 영향을 미칠 수 있다. 그래서 기후변화와 같은 글로벌 사회의 과제 해결에 모든 학습자가 참여해야 하는 이유이며 지리교육은 이를 지원해야 한다.

## III. 주요 국가의 기후교육 내용 분석

### 1. 한국의 초등 사회과교육과정의 기후교육 내용

2015 개정 사회과교육과정 지리 영역에 나타난 기후교육 내용은 3학

년, 5학년, 6학년 과정에서 찾을 수 있다(표 1). 3학년에서는 (2) 우리가 살아가는 모습 대단원의 〈환경에 따른 다른 삶의 모습〉 중단원에서 우리 고장의 기후환경과 이것이 고장 사람들의 생활에 미치는 영향, 그리고 기후환경이 의식주 생활에 미치는 영향을 학습한다. 5학년에서는 (1) 국토와 우리 생활 대단원의 〈국토의 자연환경〉 중단원에서 우리나라의 기후환경, 자연재해를 학습하며, 6학년에서는 (7) 세계의 여러 나라들 대단원의 〈세계의 다양한 삶의 모습〉 중단원에서 세계의 주요 기후 분포 및 특성, 기후환경과 인간 생활 간의 관계 탐색 학습, (8) 통일 한국의 미래와 지구촌의 평화 대단원의 〈지속가능한 지구촌〉 중단원에서 지구촌의 여러 환경문제를 조사하고 해결방안을 탐색하는 학습 내용을 포함한다.

초등학교 지리교육에서 기후학습은 고장의 날씨 학습에서 시작하여 기후환경에 따른 의식주 생활의 다양성, 우리나라 기후환경의 특성, 세계의 주요 기후 분포와 특성, 기후환경과 인간 생활 간의 관계, 그리고 지구촌 환경문제 파악과 해결에의 참여 태도 함양에 중점을 두는 교육 내용으로 구성되어 있다 하겠다. 초등학교 지리교육은 지역 중심의 내용 구성 체제이기 때문에 우리 고장, 우리나라, 세계의 기후환경을 순차적으로 학습하도록 구성하고 있으며 이외에 기후환경과 인간 생활과의 관계성 파악, 그리고 5–6학년 과정에서 자연재해, 지구촌 환경문제 성취기준을 제시하여 기후환경에서 나타나는 여러 가지 문제를 학습할 기회를 제공하고 있다.

구체적으로 교과서의 관련 내용을 살펴보았다. 3학년 2학기 교과서의 내용을 보면, 우리 고장의 기후환경에서는 계절에 따른 고장 사람들의 생활 모습을, 기후환경에 따른 의식주 생활 모습의 다양성을 보여 주는 내용으로 구성하고 있다. 5학년 1학기 교과서의 내용을 보면, 우리나라의

표 1. 2015 개정 사회과교육과정의 기후교육 내용

| 학년 | | 기후교육 내용 |
|---|---|---|
| 3 | 교육과정 | (2) 우리가 살아가는 모습<br>〈환경에 따라 다른 삶의 모습〉<br>[4사02-01] 우리 고장의 지리적 특성을 조사하고, 이것이 고장 사람들의 생활 모습에 미치는 영향을 탐구한다.<br>[4사02-02] 우리 고장과 다른 고장 사람들의 의식주 생활 모습을 비교하여, 환경의 차이에 따른 생활 모습의 다양성을 탐구한다. |
| | 교과서 | 1. 우리 고장의 환경과 생활 모습<br>- 계절에 따른 우리고장 사람들의 생활 모습<br>2. 환경에 따른 의식주 생활 모습<br>- 환경에 따른 의식주 생활 모습 |
| 5 | 교육과정 | (1) 국토와 우리 생활<br>〈국토의 자연환경〉<br>[6사01-03] 우리나라의 기후환경 및 지형 환경에서 나타나는 특성을 탐구한다.<br>[6사01-04] 우리나라 자연재해의 종류 및 대책을 탐색하고, 그와 관련된 생활 안전 수칙을 실천하는 태도를 지닌다. |
| | 교과서 | 2. 국토의 자연환경<br>우리나라의 기후<br>우리나라 기온 특징<br>우리나라 강수량 특징<br>우리나라 자연재해: 산사태, 황사, 가뭄, 폭설, 한파, 폭염, 홍수, 태풍<br>자연재해 피해 줄이기 위한 노력: 긴급재난문자, 지진 발생 시 행동 |
| 6 | 교육과정 | (7) 세계의 여러 나라들<br>〈세계의 다양한 삶의 모습〉<br>[6사07-03] 세계 주요 기후의 분포와 특성을 파악하고, 이를 바탕으로 하여 기후환경과 인간 생활 간의 관계를 탐색한다.<br>[6사07-04] 의식주 생활에 특색이 있는 나라나 지역의 사례를 조사하고, 이를 바탕으로 하여 인간 생활에 영향을 미치는 여러 자연적, 인문적 요인을 탐구한다.<br>(8) 통일 한국의 미래와 지구촌의 평화<br>〈지속가능한 지구촌〉<br>[6사08-05] 지구촌의 주요 환경문제를 조사하여 해결 방안을 탐색하고, 환경문제 해결에 협력하는 세계시민의 자세를 기른다. |

| | | |
|---|---|---|
| | 교과서 | 2. 세계의 다양한 삶의 모습<br>- 세계의 다양한 기후<br>- 기후에 따른 사람들의 생활 모습<br>3. 지속가능한 지구촌<br>- 지구촌에서 나타나는 다양한 환경문제 : 미세 플라스틱, 아마존 열대우림 파괴, 사라지는 산호초<br>- 지구촌 환경문제 해결 노력<br>- 환경을 생각하는 생산과 소비생활 |

교육부, 2015; 2018; 2019a; 2019b

계절별 기후, 기온과 강수량의 특징, 자연재해로 가뭄, 폭염, 홍수, 한파, 폭설, 태풍 등 계절별 재해 내용을 포함하고 있다. 5학년 과정에서 기후를 구성하는 요소인 강수량과 기온 그리고 4계절의 변화를 구체적으로 학습한다. 그리고 6학년 2학기 교과서에는 세계의 다양한 기후, 기후에 따른 사람들의 생활 모습, 지구촌 환경문제와 환경문제 해결을 위한 노력 등을 포함한다. 세계의 다양한 기후환경들의 특성과 그에 따른 사람들의 생활 모습의 다양성을 학습한다. 환경문제에서는 기후환경 자체에 초점을 두기보다는 자연환경에 나타나는 여러 가지 문제들을 살펴보는 내용이다.

### 2. 캐나다 온타리오주 초등 사회과교육과정의 기후교육 내용

캐나다 사회과 지리 영역에서 기후교육은 자연환경교육의 내용에 포함되어 있다. 교육과정에 포함된 기후교육은 다음과 같은 특성을 보여 준다. 첫째, 초등 사회과교육과정은 환경교육을 포함하고 있다. 캐나다 온타리오주 교육과정은 2개 이상의 교과 간 내용 및 기술의 통합적 접근을 제공한다. 이를 통해서 학생들은 맥락에 적합한 기술을 적용하고 적합한 문제 해결력을 기를 수 있다. 여기에는 환경교육도 포함되어 있다. 2007년 발표된 'Shaping Our Schools, Shaping Our Future: Environmental Education in Ontario Schools'에 근거해서 환경교육은 12학년까지 모든 교과에서 연계하여 실시되도록 추진하고 있다(The Ontario Ministry of Education, 2017). 학생들이 환경적으로 책임 있는 시민이 되도록 하기 위해 필요한 지식, 기술, 관점, 실천력을 배양하는 데 필요한 교육을 제공하는 것에 목적을 두고 있다(The Ontario Ministry of Education, 2009). 환경 이슈 및 해결을 위한 학습력을 향상시키고 환경에의 책무성을 실천하고 향상시키기 위해 지역사회에의 참여를 촉진하고 책임 있는 환경적 실천력을 포함한 환경 리더십을 키우는 데 주력한다. 사회과교육과 지리교육에서는 오늘날의 환경 이슈, 지속가능한 삶의 중요성을 강조하며 환경에 대해 실천 방법을 학습하게 하고 있다.

둘째, 1학년에서 4학년까지 지리 영역에서는 '사람들의 생활과 자연환경 간의 상호 관련성', '환경과 상호작용에서 지속가능성의 중요성' 면에서 기후환경 내용을 포함하고 있다(표 2). 즉, 사람들의 생활은 환경과 밀접한 상호관련성을 가지며 이러한 상호관련성이 지속적으로 이뤄지도록 하는 것이 왜 필요한지를 인식하게 하는 방향의 교육 내용이다. 1학년에서는 가족들이 어디에서 음식을 얻는지, 지역사회에서 구매가 어려우면 어떤 일이 발생할 것인지, 깨끗한 지역사회 환경을 만들기 위해서 필요한 일은 무엇인지 등을, 2학년에서는 북극해 주변 사람들과 하와이 사람들의 일상생활의 차이점과 기후와의 관련성은 무엇인지, 온타리오주 농부들은 바나나와 파인애플을 왜 재배하지 못하는지 및 기후와 관련성은 무엇인지, 농업에서 지속가능한 농법을 사용하지 않았을 때 어떤 일이 발생할 것인지, 책임 있는 자원 소비를 하지 않았을 때 미래 세대에 어떤 영향을 주게 되는지 등을, 3학년에서는 계절과 관련된 직업으로는 무엇이 있는지 등을, 4학년에서는 자연환경이 산업발달에 미친 영향과 더불어서 산업이 환경을 고려하지 않았을 때 나타날 수 있는 문제는 무엇인지 그리고 더 지속가능한 방법은 무엇인지 등의 내용을 포함하고 있다.

셋째, 5-7학년에서는 사람들이 자연환경에 미친 부정적 영향과 환경 이슈 내용을 포함한다. 5학년에서는 사회에 발생한 환경 이슈, 6학년에서는 글로벌 이슈와 국제적 협력의 필요성을 살펴보는 내용을 다룬다. 5학년에서는 국가 안에서 환경문제를 해결하기 위한 정부, 지역사회 등의

**표 2. 캐나다 온타리오주 초등 사회과교육과정의 기후교육 내용**

| 학년 | 학습주제/기후교육 내용 |
|---|---|
| 1 | 로컬 공동체(The Local Community)<br>- 인간과 자연환경 간의 상호관련성 기술하기<br>- 지역사회에 사람들이 하는 일과 환경 간의 관련성 살펴보기<br>- 지역사회에서 자연환경과 상호작용할 수 있는 특별한 방법 계획하기 |
| 2 | 글로벌 공동체(Global Communities)<br>- 위치, 기후, 지형에 적응하며 살아가는 세계의 여러 지역 사람들의 생활 방식 기술하기<br>- 사람과 자연환경 간 상호관련성에서 지속가능성의 중요성 이해하기 |
| 3 | 온타리오주에서 삶과 일(Living and Working in Ontario)<br>- 자연환경, 토지이용, 지역 발달 간의 상호관련성 이해하기 |
| 4 | 캐나다의 정치적 지역과 자연지역(Political and Physical Regions of Canada)<br>- 자연환경과 산업 발달이 지역에 미친 영향 평가하기 |
| 5 | 정부의 역할과 시민성(The Role of Government and Responsible Citizen-ship)<br>- 정부와 시민이 사회적, 환경적 이슈들을 해결하기 위한 노력 파악, 평가하기 |
| 6 | 캐나다의 글로벌 공동체와의 상호작용(Canada's Interactions with the Global Community)<br>- 글로벌 이슈의 국제적 협력 중요성 설명하기<br>- 국제사회 행동들의 효과성 평가하기 |

The Ontario Ministry of Education, 2018, 59-150

여러 노력을 살펴보고 그 효과성을 평가하는 내용을 다루며 쓰레기 처리, 재생에너지 이용 가능성, 자동차 배기가스 방출의 감소를 위한 행동 계획 세우기 등을 포함한다. 6학년에서는 국제사회에서 환경문제 해결을 위해 캐나다의 적극적 참여가 왜 필요한지, 지구온난화, 이산화탄소 방출, 산림 훼손 등의 이슈 해결을 위해 국제사회의 협조와 적극적 참여가 왜 필요한지 등을 다룬다.

전체적으로 보면, 저학년에서는 사람들의 생활에서 이뤄지는 여러 측면의 기후환경과의 관계적 측면들을 살펴보며, 동시에 사람들의 생활 유지를 위해서 지속적으로 기후환경과 관계 맺기가 필요함을 인식하게 하는 내용을 포함한다. 고학년에서는 지구온난화와 같은 기후환경 변화와 기후환경 변화를 유발할 수 있는 문제들을 파악하고 이를 해결하기 위한 사회의 노력과 앞으로의 적극적 참여의 필요성을 학습할 수 있는 내용을 포함한다.

### 3. 오스트레일리아 초등 인문·사회과학교육과정의 기후교육 내용

오스트레일리아에서 지리교육은 인문·사회과학 교과 영역에 포함되어 있다. 지리교육은 1학년에서 시작하여 7학년까지 이어진다(표 3). 캐나다에서처럼 학년별로 학습주제가 설정되어 있고 학습주제 안에서 지리, 역사, 시민 교육이 이뤄진다. 지리에서 기후교육의 특성을 살펴보면 다음과 같다. 첫째, 오스트레일리아 교육과정은 교과별 교육 외에 모든 교과에서 기본적으로 교육하도록 하는 범교과 우선사항(Cross-curriculum priorities)이 있다. 어보리진 및 토레스 해협 사람들의 역사와 문화, 아시아 및 오스트레일리아와 아시아와 관계, 그리고 지속가능성이 여기에 포함된다(ACARA, 2015). 지속가능성은 학생들이 더 지속 가능한 미래를 위해 행동할 필요성을 인식하고 지속가능발전을 추구할 수 있는 능력을 길러주는 데 중점을 둔다. 세부적인 내용으로는 지구환경을 지원하는 시스템의 역동성과 상호의존성을 탐색하고 글로벌 맥락에서 지속가능성을 위한 이슈들을 포함하며 더 지속 가능한 미래를 위해 필요한 방법을 실천할 수 있는 능력을 키우는 데 중점을 둔다.

둘째, 지리영역에 포함된 기후교육 내용을 살펴보면, 1학년에서는 '현재는 과거와 어떻게 다르고 미래에는 어떻게 변화할까?' 주제를 학습한다. 장소의 강수량, 기온, 햇빛, 바람 등의 기후환경이 어떻게 다른지, 우리는 장소의 환경을 어떻게 관리하고 있는지, 문화에 따라서 날씨 및 계절을 어떻게 관리하는지를 살펴보고 기술하는 학습 내용을 포함한다. 날씨와 계절을 중심으로 기후환경과 사람들의 생활 간의 관계를 인식하는 데 중점을 두며, 미래 기후환경에 관심과 관리의 필요성을 인식하게 하는 내용이다. 2학년에서는 '사람과 장소에 대한 우리의 과거와 현재의 연결' 학습주제에서 1학년에서 학습했던 인간 생활과 환경과의 관계에 대한 학습을 이어가면서 관계의 범위를 확대하는 학습 내용이다. 3학년에서는 '다양한 공동체와 사람들의 환경에의 역할' 학습주제에서 장소에 따른 기후환경의 공통점과 차이점, 덥고 따뜻하고 추운 지역의 기후환경을 파악하고 세계의 주요 기후 유형(열대밀림, 열대사바나, 반건조, 온대, 지중해 등)의 사례, 그리고 기후환경에 따른 다른 생활 방식을 학습하는 내용이다. 4학년에서는 '사람, 장소, 환경의 상호작용' 학습주제를 배우며 주로 지속가능성의 관점에서 환경과 사람들의 생활 간의 관계, 기후와 식생 간의 관계, 산소 공급을 위한 환경보호, 식량 생산 보호를 위한 강수 확보 등의 내용을 포함한다. 5학년에서는 '오스트레일리아의 공동체들-과거,

현재, 가능한 미래' 학습주제를 배우며 변화와 지속가능성의 관점에서 로컬 환경의 변화(식생 훼손, 도시 영역 확대, 산지 개간 등)를 탐색하면서 긍정적인 부분과 부정적인 부분을 탐색하고 기후환경에 반응하는 다양한 방식, 그리고 로컬 환경의 변화와 생태계에 나타난 변화를 탐색하면서 환경의 변화 관점을 포함한다. 6학년에서는 '과거와 현재의 오스트레일리아 그리고 세계와의 연계' 학습주제를 배우며 세계의 다양한 환경 그리고 오스트레일리아 토착민들이 사용했던 지속 가능한 생활 방식을 조사하는 내용을 포함한다. 7학년에는 '지속 가능한 과거, 현재, 미래' 학습주제를 통해서 계절별 강수량 조사, 강수량과 물 공급 간의 관계, 물 부족 문제와 해결 방법, 환경의 질 개선을 위한 방법 등 주로 환경 관련 학습 내용들이 있다.

오스트레일리아는 캐나다 온타리오주에서 적용하고 있는 지역 중심의 내용 구성 체제와는 달리 주제 중심 내용 구성 체제를 보인다. 1–7학년 모든 학년에 환경과 지속가능성 개념을 포함하고 있으며, 지속가능성의

표 3. 오스트레일리아 초등 인문·사회과학교육과정의 기후교육 내용

| 학년 | 학습주제/ 기후교육 내용 |
|---|---|
| 1 | 현재의 세계는 과거와 어떻게 다르고 미래에는 어떻게 변화할까?<br>- 날씨와 계절<br>- 어보리진과 토레스 해협 사람들과 같이 문화적으로 다른 사람들이 날씨와 계절을 기술하는 방법<br>- 강수량, 기온, 햇빛, 바람을 포함한 일상의 날씨와 계절별 날씨<br>- 날씨와 계절을 표현하는 방법 비교 |
| 2 | 우리의 과거와 현재는 사람, 장소와 어떻게 연결되어 있을까?<br>- 환경과의 상호작용 그리고 환경자원에 대한 관점<br>- 지역 원주민과 토레스 해협 섬 주민과 그들 장소의 육상, 해상, 수로 연결 및 동물과의 연결, 그리고 이러한 연결이 환경자원의 사용에 대한 그들의 견해에 어떻게 영향을 미치는지 조사, 기술 |

| | |
|---|---|
| 3 | 다양한 공동체와 장소에는 사람들의 어떤 기여가 담겨 있을까?<br>- 세계의 주요 기후 유형 및 장소별 기후의 공통점과 차이점<br>- 날씨가 기후 유형에 어떤 영향을 미치는지 조사<br>- 세계의 고온, 온대, 극지 기후의 차이 확인<br>- 오스트레일리아 및 세계의 주요 기후 유형(예: 적도, 열대 건조, 반건조, 온대 및 지중해)의 사례 및 위치 확인<br>- 기후가 다른 곳에서 사는 것이 어떤 것인지를 조사하여 자신의 장소와 비교하기 |
| 4 | 사람, 장소, 환경은 어떻게 상호작용할까?<br>- 환경이 사람들의 생활에 미치는 영향<br>- 환경에 대한 관점이 지속가능성에 미치는 영향<br>- 지속 가능한 환경보호를 위한 방법<br>- 기후와 자연식생 간 관계 설명<br>- 산소 공급을 위한 환경보호, 침식, 강수로부터 식량 생산 보호 방법 |
| 5 | 오스트레일리아 공동체: 과거, 현재 그리고 가능한 미래<br>- 로컬의 환경 변화 탐색(식생 훼손, 도시 발달, 농경, 산지 개간 등)<br>- 지속가능성의 면에서 환경 변화의 긍정적인 부분과 부정적인 부분 탐색<br>- 시간에 따라 로컬 환경의 변화와 생태계에 미치는 영향 탐색 |
| 6 | 과거와 현재의 오스트레일리아 그리고 다양한 세계와의 관계<br>- 아시아와 글로벌 수준에서 다양한 환경, 사람, 문화 탐색하기<br>- 토착민들이 오랫동안 지속가능하게 살았던 지속가능성 실천 방법 조사 |
| 7 | 과거, 현재, 그리고 지속 가능한 미래<br>- 계절별 강수량 조사<br>- 강수량과 물 공급 간의 관계 파악<br>- 물 부족의 문제와 이를 극복하기 위한 방법 탐색<br>- 환경 질 개념과 환경오염 조사 |

ACARA, 2015, 27-157

개념을 기반으로 하여 과거, 현재, 미래의 기후환경과 사람들의 생활 간의 관계를 학습할 수 있는 내용으로 구성되어 있다 하겠다.

### 4. 주요 국가의 초등 지리교육 영역에 나타난 기후교육 비교 및 논의

(1) 한국, 캐나다, 오스트레일리아의 기후교육 내용의 특성

세 국가의 기후교육 내용 비교에서 다음과 같은 특성을 찾아볼 수 있다. 첫째, 모든 교육과정에서는 기후환경과 인간 생활과의 관계 탐색 내용을 포함한다. 그런데 구체적인 학습 내용에서는 차이를 보인다. 한국의 교육과정에서는 3-4학년군에서는 고장을 중심으로 기후환경과 의식주 생활 모습 간의 관계, 5-6학년군에서는 세계의 기후환경과 사람들의 생활 모습 간의 관계 내용을 포함하여 기후환경과 인간 생활 간의 관계를 탐색할 수 있게 한다. 그런데 관계를 탐색하는 세부적인 내용을 보면, 환경에 따른 장소 및 지역의 생활 모습과 특성을 파악하는 데 중점을 둔다. 3-4학년 군의 〈환경에 따른 삶의 모습〉, 5-6학년 군의 〈세계의 다양한 모습〉 중단원명과 '~ 환경에 따른 생활 모습 탐구', '~ 환경에 따른 생활 모습의 다양성 탐구' 등의 성취기준에서 추측해 볼 수 있듯이 환경이 생활에 미치는 영향 그리고 결과로서의 생활 모습을 파악하는 데 중점을 둔다.

캐나다 온타리오주에서는 지리교육 영역의 명칭인 '인간과 환경' 명칭에서 보는 바와 같이 지리교육은 인간과 환경의 관계를 탐색할 수 있게 관련 내용을 구성하고 있다. '자연환경과 책임감 있게 상호작용할 수 있는 방법', '사람과 자연환경 간 상호관련성에서 지속가능성의 중요성 이해' 등 기후환경을 포함하여 환경과 인간 간의 상호작용에 중점을 둔다. 즉, 인간과 환경 간의 적극적인 상호작용의 과정과 활동에 중점을 두며, 그 과정에서 나타날 수 있는 다양한 상호작용의 결과들을 탐색할 수 있는 내용이다.

오스트레일리아에서는 인간과 환경과의 상호작용에서 인간의 행동에 중점을 두며 지속가능성의 관점에서 인간과 환경과의 상호작용은 무엇이어야 하는지를 탐색하는 내용이다. 사람들이 기후환경과 어떻게 상호작용을 해 왔으며 지속 가능한 환경을 보호하기 위해서 사람들의 생활은 어떠해야 하는지를 탐색할 수 있는 내용을 포함한다. 한국, 캐나다 온타리오주, 오스트레일리아 교육과정에는 공통적으로 '인간과 환경 간의 관계 탐색'을 포함하지만 한국의 경우는 기후환경에 따라 나타난 결과로서의 생활 모습에 중점을 두는 면이 강조된 반면, 온타리오주와 오스트레일리아는 인간과 환경 간의 상호작용의 과정을 탐색하고 인간의 역할을 강조하고 있다는 점에서 차이점을 보인다.

둘째, 모든 교육과정에서는 지속가능성과 기후환경과의 관계 학습을 위한 내용을 포함하지만 관계짓기의 범위와 정도에서는 차이를 보인다. 한국, 캐나다 온타리오주, 오스트레일리아의 교육과정 모두에서 지속가능성의 관점에서 기후환경과 인간 생활과의 관계 탐색을 포함하지만 구체적인 내용에는 차이가 있다. 한국의 교육과정에서는 5-6학년군 〈지속가능한 지구촌〉 중단원에서 '지구촌의 주요 환경문제를 조사하여 해결 방안을 탐색하고, ~' 성취기준에서 보듯이 지구촌의 환경문제를 해결하는 데서 지속가능성을 연결한다.

캐나다 온타리오주에서는 2학년의 내용에 '사람들이 훨씬 많은 물을 소비하면 어떤 일이 발생할까?', '사람들이 농장의 나무들을 베어 내면 어떤 일이 발생할까?' 등 사람과 기후환경 간의 상호관련성에서 지속가능성의 중요성을 이해하는 내용을 포함하며, 지속가능성의 관점에서 인간과 환경과의 상호작용에서 부정적인 부분들을 개선하고 긍정적인 부분들을 분석하고 평가하는 내용 등 지속가능성의 관점에 기반하여 학습하게 한다.

오스트레일리아 교육과정은 범교과 우선 사항으로 '지속가능성' 교육을 포함하고 있어서 실제 지리교육에서도 이에 대한 내용을 포함한다. 4학년 과정에서는 '지속가능성' 개념을 중심으로 관련 내용을 구성하였고 이후 학년에서 변화와 지속가능성 개념을 중심으로 학습할 수 있게 내용을 구성하고 있다. 인간과 환경 간의 상호작용이 지속가능성에 미치는 영향, 지속 가능한 환경보호 방법 등 지속가능성에 기반하여 인간과 환경 간의 상호작용의 필요성을 인식하게 하는 내용을 포함한다.

한국에서는 환경문제 해결에 기반한 좁은 의미의 지속 가능한 발전을 제시하고 있을뿐더러 환경과의 관계 면에서도 협소함을 보인다. 반면, 캐나다 온타리오주와 오스트레일리아의 교육과정에서는 지속가능성의 개념학습과 더불어 인간과 환경 간의 상호작용에서 지속가능성 학습을 추구한다고 볼 수 있다. 이는 지속가능성 개념의 사용 범주뿐 아니라 환경과 관계짓기 측면에서도 차이를 보인다.

셋째, 모든 교육과정에서는 기후변화 내용을 구체적으로 포함하지는 않았다. 먼저, 한국의 교육과정에서는 5-6학년군 〈지속가능한 지구촌〉 중단원에서 지구촌에서 나타나는 다양한 환경문제 조사하기 내용을 포함한다. 교육과정 성취기준에서는 '지구촌에서 나타나는 다양한 환경문제를 조사하여 해결 방안을 탐색하고, ~'를 제시하고 있다. 그러나 실제 교과서에서는 미세 플라스틱, 아마존 열대우림 파괴, 사라지는 산호초 등에 한정하고 있어서 실제 기후변화 내용은 포함되어 있지 않았다. 이는 교육과정에서 제시한 '다양한 환경문제'를 교과서 저자와 수업교사가 어떤 환경문제를 설정할 것인지에 달려 있다고 하겠다. 그런 면에서 교육과정에서 기후변화의 내용을 명확하게 제시했다고 보기는 어렵다. 캐나다 온타리오주와 오스트레일리아 교육과정에서도 마찬가지이다. 5학년 과 6학년 교육과정에 '환경적 이슈 해결을 위한 행동 계획 세우기', '국제 사회의 글로벌 이슈 해결을 위한 협력 필요성 설명하기' 등의 내용을 포함한다. 오스트레일리아 교육과정에서는 5학년 과정에서 '시간에 따른 로컬 환경의 변화와 생태계에 미치는 영향 탐색', 7학년에서 계절별 강수량, 환경오염 조사 등을 통해 과거, 현재와 더불어 미래의 환경을 살펴보는 내용을 포함한다.

기후환경 변화에 대해서는 세 국가에서 모두 글로벌 이슈 차원에서 내용을 다룰 수 있도록 교육과정에 제시하고는 있지만, 구체적으로 기후변화의 내용과 문제 등을 지정하여 제시하고 있지는 않다.

넷째, 세 국가의 교육과정에서는 기후환경문제에서 글로벌 시민성 함양을 포함하지만 구체적인 내용에서는 차이를 보인다. 한국의 교육과정에서는 5-6학년군 〈지속가능한 지구촌〉 중단원에서 "~ 지구촌의 주요 환경문제 해결에 협력하는 세계시민의 자세를 기른다."는 성취기준을 제시하여 환경문제 해결에서 세계시민의 자세를 키울 수 있는 교육을 요구한다. 지구촌의 환경문제의 해결 방안을 탐색하는 데서 글로벌 시민성 함양을 기대하고 있다 하겠다. 캐나다 온타리오주에서는 5학년 과정에서 '환경 이슈 해결을 위한 행동 계획 세우기', '국제사회에서 글로벌 이슈 해결을 위한 노력의 중요성 파악하기', '국제사회 노력의 효과성 평가하기' 등의 내용을 토대로 기후환경문제 해결의 필요성과 개인의 적극적 협력이 필요함을 인식하게 하는 내용을 포함하고 있다. 오스트레일리아 교육과정에서는 4학년 과정에서 '지속 가능한 환경보호 방법', '환경 변화의 긍정적인 면과 부정적인 면 탐색하기', '지속 가능한 실천 방법 조사하기', '환경의 질 개념과 환경오염 조사하기' 등의 활동을 통해서 개인적 차원에서 지속가능한 환경보호를 위한 실천적 태도를 갖추게 한다. 캐나다 온타리오주와 오스트레일리아 교육과정에서는 학습자 개인이 주변의 생활환경에서 기후환경 관련 문제들을 찾고 작은 수준에서 해결을 위한 행동 실천 방안을 찾아 참여하면서 글로벌 시민성을 키워 가게 한다고 할 수 있다.

(2) 기후변화 대응을 위한 초등 지리 기후교육 방향 논의

한국, 캐나다 온타리오주, 오스트레일리아의 초등 지리 영역 교육과정 분석을 토대로 향후 기후변화에 대응을 위한 기후교육을 위해 다음과 같은 시사점을 얻었다.

먼저, 인간과 환경 간의 상호작용에 중점을 두는 내용 구성이 필요하다. 현행 초등 사회과교육과정에서는 '환경에 따른 생활양식의 다양성' 면에 중점을 두고 있다. 여기에는 인간과 환경 간의 상호작용을 포함하는 면도 있겠지만 환경이 만든 장소성과 지역성을 살펴보는 방향의 교육으로 이뤄질 가능성을 갖고 있다. 실제로 현행 교과서 내용을 보면, 환경에 따른 의식주 생활 모습을 살펴보는 내용으로 이뤄져 있다(교육부, 2018).

과거에 비해 오늘날에는 기후환경에 미치는 인간의 영향력이 커졌다고 할 수 있으며 현재 겪고 있는 기후환경의 변화를 완화하고 이에 적응해야 하는 주체는 개인이다(Chang, 2012; Hicks, 2007; Matthewman, Morgan; Walford, 1984). 기후변화 그 자체에 대한 교과 지식은 학습자가 그 주제를 잘 이해하기 전에 인간-환경 간 상호작용의 주요 특성으로 우선 이해되어야 한다. 캐나다 온타리오주와 오스트레일리아의 지리교육에서 사람들이 자연환경과 어떻게 상호작용을 하는지 그리고 지속가능한 환경보호를 위해 어떻게 상호작용해야 하는지 등의 내용을 포함하는

것은 시사하는 바가 크다 하겠다. 현행 2015 개정교육과정의 교수-학습 방법 및 유의사항에서도 "자연적 조건과 고장 사람들의 생활 모습과 어떤 관계가 있는지 초보적 수준에서 관계적 사고 능력을 기르는 데 유의한다."는 내용을 제시하고 있다. 이러한 관계적 사고를 더 적극적으로 학습자 입장에서 행할 수 있도록 내용 보완이 필요하다 하겠다.

둘째, 지속가능성 관점에서 기후환경 교육이 필요하다. 현행 한국의 초등 지리 영역 교육과정에서는 6학년 2학기 마지막 단원에서 "지구촌 주요 환경문제를 조사하여 해결 방안을 탐색하고, ~"로 제시하였으나 지속가능성과의 연계성은 낮다고 볼 수 있다. 반면 캐나다 온타리오주에서는 2학년에서 '사람과 환경 간의 상호관련성에서 지속가능성의 중요성 이해하기' 학습을 시작하고 이후 교육에서 지속가능성을 포함한 기후환경교육 내용을 포함한다. 오스트레일리아 교육과정은 모든 교과에 '지속가능성'을 우선 교육 내용에 포함하도록 하고 있고 지리교육에서는 4학년에서 지속가능성 개념을 중심으로 인간과 환경 간의 상호작용 및 기후환경 교육을 포함하고 있다.

1987년 '환경과 개발에 관한 세계위원회(WCED)'에서는 〈우리 공동의 미래(브룬트란트 보고서)〉에서 지속가능발전을 '미래 세대의 필요를 충족시킬 수 있는 능력을 저해하지 않으면서 현 세대의 필요를 충족시키는 발전'으로 정의하였고(WCED, 1987), 이후 여러 국제회의와 연구를 통해 2002년 '지속가능발전 세계정상회의'에서는 환경보호, 경제 발전, 사회 발전의 상호의존성을 종합적으로 고려하는 발전이라는 개념으로 제시하였다(유네스코 한국위원회, 2015; 김다원, 2020, 8에서 재인용). 환경보호는 지속가능성의 관점에서 다뤄져야 할 영역으로 제시된 것이다. 과거, 현재를 토대로 미래 사회를 만들어 갈 시민을 양성한다는 사회과교육의 목표면에서 볼 때, 지속 가능한 미래 사회 형성을 위한 기후환경 교육은 타당성을 지닌다고 하겠다. Matthewman & Morgan(2013)은 지구온난화와 같은 글로벌 이슈의 등장은 학교교육에서 미래지향적 접근이 긴급하게 요구된다고 하였다. 지속가능성을 위한 교육과정의 '그린(Green)'화가 필요하다고 하였다. Hayward(2012)와 심광택(2020)은 미래의 생태시민 양성이 요구된다고 하였다. 오늘날 유엔은 지구촌 사회의 지속가능발전을 유엔의 핵심 어젠더로 내세우고 있으며 세계인의 적극적 참여를 요구하고 있다. 더불어 현행 사회과교육과정에서도 6학년 2학기 마지막 단원명을 '지속가능한 지구촌'으로 제시하고 있다. 지속가능한 지구촌은 환경문제 해결만으로 이뤄질 수 있는 것이 아니다. 지구촌 각 개인의 삶 속에서 지속가능성이 실천되어야 가능하다. 그런 면에서 기후환경 및 인간과 환경과의 관계 학습 안에 지속가능성 관점이 포함될 필요가 있다.

셋째, 기후변화에 대응할 수 있는 실천적인 글로벌 시민성 함양을 위한 기후교육으로의 전환이 요구된다. Hicks(2019)는 기후교육은 학생들이 기후변화 이슈에 참여할 수 있게 지식뿐만 아니라 지식에 기반한 심층적인 이해와 관심 그리고 적극적 참여와 행동으로 실천할 수 있어야 한다고 강조하였다. 이를 위해서는 무엇보다도 국가의 정치적 틀에서 벗어나 글로벌 관점에서 기후환경 이슈에 접근해야 한다(Standish, 2008). 이를 통해서 글로벌 시민성 함양으로의 전환이 필요하다. 관련하여 조철기(2019)와 심광택(2020)은 기후 위기는 지구촌의 미래를 좌우할 수 있는 지구적 문제이면서 개인의 생활과 직접적 관련성을 지닌 문제인 만큼 개인의 삶의 질을 위해서 그리고 글로벌 공동체를 위해서 적극적으로 이슈에 참여할 수 있는 생태시민성, 글로벌시민성을 함양하는 기후교육으로의 전환이 요구된다고 하였다.

캐나다 온타리오주 교육과정에서는 학습자 입장에서 구체적으로 인간과 환경 간 관련성 및 기후환경과 기후 문제 등을 찾기·설명하기·분석하기· 평가하기·계획하기와 같은 일련의 적극적인 탐구활동에 참여하면서 지식, 이해, 실천력을 함양하도록 교육하는 내용을 구체적으로 보여 준다. 오스트레일리아 교육과정에서는 날씨와 기후 내용 학습 이외에 지속 가능한 환경보호를 위한 방법 탐색, 지속가능성 실천 방법 조사 등의 실천적 방법을 탐색하는 교육을 구체적으로 명시하고 있다. 이는 Hicks(2018)가 기후변화 교육을 위한 방법으로 제시한 알기(knowing), 느끼기(feeling), 선택하기(choosing), 행동하기(acting)를 포함한 홀리스틱 접근을 보여 준다 하겠다.

현행 초등 지리교육과정에서는 기후의 3요소를 비롯하여 기후환경과 인간 생활 간의 관계에 대한 내용을 포함해서 자연재해와 지구촌 환경문제 내용을 포함하고 있다. 이러한 자연재해와 환경문제의 상황과 원인을 파악하기 위해서는 기후변화 그리고 인간과 환경 간의 실질적인 상호작용에 대한 지식이 요구된다. 이러한 내용을 토대로 학습자에게 기후변화에 따른 문제의 심각성을 느끼고 기후환경 보호를 위한 실천 의지와 행동 능력을 키워주는 방향의 교육이 필요하다. 이는 교육과정의 내용 못지않게 현장 교실에서 교사의 수업 설계의 영향력이 크다고 볼 수 있지만, 교육과정에서 구체화하여 제시하는 것도 효과적인 교육 방법일 것이다.

## IV. 기후변화 교육의 향후 논의와 과제

Toffler(1974)는 "모든 교육은 미래의 이미지에서 샘솟으며 모든 교육은 미래의 이미지를 만드는 것이다. 그러므로 모든 교육은 의도하든 의도하지 않든 간에 미래를 위한 준비이다."라고 하였다. 그리고 Matthewman, Morgan(2013, 99)은 '사회'와 '자연'을 분리해서 우리 사회를 파악하는 것은 불가능하다고 하였다. 심광택(2020)과 조철기(2019)가 한국의 지리교육에서 새로운 인류세 시대의 진입에서 미래 사회를 준비하고 대비할 필요가 있다고 했듯이, 이제는 학생들이 인간 사회의 복잡한 환경에 대한 지식과 이해를 갖고 대안적인 미래를 만들어 가는 데 참여할 수 있어야 한다. 이미 2015 개정교육과정에서는 이러한 사회적 변화를 반영하여 '개인적, 사회적 문제를 합리적으로 해결하는 능력을 길러 개인의 발전은 물론, 사회, 국가, 인류의 발전에 기여할 수 있는 자질을 갖춘 사람', '개인의 발전은 물론, 사회, 국가, 인류의 발전에 기여할 수 있는 책임 있는 시민' 양성을 사회과교육의 목표로 정하였으며, 특히 시민성의 적극적 발현을 위해 '역량' 육성에 중점을 두는 교육을 강조하였다(교육부, 2015). 기후는 지리교육의 주요 개념이다. 교육과정 초기에서부터 현재까지 초, 중, 고등학교의 주요 학습 내용으로 입지를 차지하고 있다. 기후변화는 오늘날 지구촌 사회의 주요 환경 이슈이며 해결 과제가 되었다. 오늘날 기후변화는 글로벌 사회에 큰 변화와 위험성을 경고하는 메시지를 보내고 있다. 글로벌 환경시스템에서 발생하고 있는 만큼 로컬에서의 변화뿐 아니라 지구촌 전체의 환경에 영향을 미치고 있으며 지구촌 각 개인 모두의 삶의 질에 영향을 미치고 있고, 향후 그 결과를 어느 누구도 예측하기 어렵게 하고 있다. 개인적, 사회적, 국제적 차원의 적극적 협력이 필요하다.

그간 기후교육의 핵심 교과로 역할해 왔던 지리교육에서 오늘날 지구촌의 주요 환경 이슈이자 해결 과제로 나타난 기후변화에 대해 지리교육은 어떻게 대응하고 있으며 앞으로 이에 대해 지리교육은 어떤 역할을 해야 할 것인지를 살펴보는 것은 시의성을 지니고 있다. 이에 본 장에서는 한국, 캐나다 온타리오주, 오스트레일리아의 교육과정을 기후 내용 반영 관점에서 살펴보고, 이를 통해 얻은 시사점은 다음과 같다.

세 나라의 교육과정에서는 모두 '인간과 환경 간의 관계 탐색', '지속가능성의 관점에서 환경 탐색', '글로벌 시민성 함양과 연계'를 중심으로 기후환경 관련 내용을 구성하였다. 그러나 세부적인 내용에서는 차이를 보였다. '인간과 환경 간의 관계 탐색'에서 한국의 교육과정은 환경에 따른 장소와 지역의 생활 모습을 파악하는 데 중점을 둔 반면, 캐나다 온타리오주와 오스트레일리아에서는 인간이 주체적으로 환경과 어떻게 상호작용하는지 그리고 상호작용의 결과 어떤 다양한 결과를 만들어 내는지를 탐구하는 데 중점을 두었다. '지속가능성의 관점에서 환경 탐색'에서는 한국의 교육과정에서는 초등학교 지리 학습의 마지막 학기인 6학년 2학기에 지구촌의 환경문제 해결과 지속 가능한 지구촌 형성에 협력하는 차원에서 지속가능성을 환경과 연결하고 있다. 그러나 캐나다 온타리오주와 오스트레일리아에서는 2학년과 4학년 등 저학년에서 지속가능성 개념과 중요성을 학습하고, 인간과 환경 간의 상호작용의 지향점을 지속가능성에 두어 관련 학습을 행할 수 있게 내용을 구성하고 있다. '글로벌 시민성 함양과 연계'에서 한국의 교육과정에서는 6학년 2학기에 지구촌 환경문제 해결을 통한 세계시민의식 함양으로 제시하고 있다. 그러나 캐나다 온타리오주와 오스트레일리아 교육과정에서는 학습자의 일상생활 영역에서부터 환경보호를 위한 행동 계획 세우기, 해결 노력 평가하기 등의 내용을 제시하여 환경과 시민성을 연계하는 양상을 보인다. 세계화, 글로컬 관점 등이 시대적 화두인 오늘날 환경 확대적 구성이 갖는 제한점을 논의해 볼 필요도 있다.

세 국가의 교육과정에서 모두 '기후변화', '지구온난화' 등의 개념어를 제시하여 기후변화 교육 내용을 교육과정에 명시하지는 않았다. 지구온난화와 같은 기후변화는 인간의 환경에의 영향에서 발생한 문제이기 때문에 지속 가능한 환경을 추구하고 그러한 지속 가능한 환경을 만들기 위한 적극적 노력과 협력적 실천이 요구된다는 면에서 '인간과 환경 간의 관계 탐색', '지속가능성의 관점에서 환경 탐색', '글로벌 시민성 연계 환경보호 및 문제 해결' 등의 방법으로 관련 교육을 포함하고 있다. 그러나 캐나다 온타리오주 및 오스트레일리아 교육과정에는 저학년에서부터 더 적극적으로 관련 내용을 포함하고 있는 것과는 달리 한국의 지리교육과정에서는 인간과 환경 간의 상호작용의 과정에 대한 학습과 지속가능성, 세계시민성과의 연계 면에서 소극적인 내용 구성을 보여 주었다. 향후 교육과정에서 기후변화에 대한 교육을 어떻게 포함할 것인지 그리고 앞에서 논의했던 '인간과 환경 간의 상호작용', '지속가능성과 연계', '세계시민성과 연계'를 어떻게 더 강화할 것인지에 대해서 충분한 숙고와 논의가 필요하다.

### 참고문헌


강철성, 1997, 한국의 기후구분에 관한 연구: 생리기후 지수에 의한 구분을 중심으로, 서울대학교 대학원 박사학위논문.

강철성, 2003, 탐구식 교수를 위한 교수기법의 사례- 기후 관련 내용을 중심으로, **한국지리환경교육학회지**, 11(3), 6-86.

공다영, 2009, 기후변화교육을 위한 중등학생의 기후변화 인식 실태 분석, 이화여자대학교 교육대학원 석사학위논문.

공우석, 2021, **기후위기 더 늦기 전에 더 멀어지기 전에**, 이다북스.

교육부, 2015, **2015 개정 사회과교육과정**. 교육부.
교육부, 2018, **사회 3-2.**
교육부, 2019a, **사회 5-1.**
교육부, 2019b, **사회 6-2.**
기근도, 2018, 지구온난화의 영향에 관한 지리과 교수-학습 내용 구성 방안, **에너지기후변화교육**, 8(2), 219-233.
김다원, 2020, 초등 2015개정교육과정에 포함된 지속가능발전교육(ESD) 관련 목표와 내용 탐색, **국제이해교육연구**, 15(1), 1-31.
김다원, 2021, 기후변화 대응의 관점에서 초등 지리의 기후교육 방향 논의, **한국지리환경교육학회지**, 29(2), 1-17.
김미애, 김영훈, 2020, 지리학습을 위한 수업용 어플리케이션 개발 연구: 중학교 사회1 기후 단원을 중심으로, **융합교육연구**, 6(2), 19-36.
김병연, 2011, 생태시민성의 논의의 지리과 환경교육적 함의, **한국지리환경교육학회지**, 19(2), 221-234.
김연옥, 1977, **기후학 개론**, 법문사.
김정은, 윤원태, 조경숙, 문자연, 2007, 한반도 기후변화 특성, 한국기상학회학술대회 자료집, 472-473.
김진국, 2005, 초, 중등학교 지형 및 기후 단원의 계열성 분석- 5, 7 및 10학년 교과서 분석을 중심으로, **한국지리환경교육학회지**, 13(3), 419-435.
박병익, 2016, 기후요소, 김종욱 외 12인, **한국의 자연지리**, 서울: 서울대학교출판부, 125-152.
박선엽, 이수경, 2019, 한반도 절기 기온의 기후적 변화와 지리적 특성, **한국지리정보학회**, 22(3), 65-81.
박은경, 2007, 고등학교 사회 및 과학 교과서의 기후 관련 내용 비교 연구, **기후연구**, 2(2), 159-174.
송호열, 1999, 중등학교 기후단원의 내용 선정과 조직 원리, **지리·환경교육**, 7(1), 255-282.
심광택, 2020, 지속가능성 및 세계시민성을 지향하는 사회(지리)과 미래 학습의 논리, **한국지리환경교육학회지**, 28(1), 1-17.
심문숙, 2012, 중등 지리교과서에 나타난 기후변화 교육 내용 국가별 비교 연구: 한국, 중국, 영국, 미국 지리교과서를 중심으로, 이화여자대학교 교육대학원 석사학위논문.
심정보, 2017, 자연재해에 대비하는 방재교육의 방향 모색, **한국지리환경교육학회지**, 25(4), 89−101.
양재영, 2013, 초등학생의 지리 개념 인식에 나타난 심리적 위계: '기후' 및 '인구' 개념을 중심으로, 한국교원대학교 대학원 박사학위논문.
유네스코 한국위원회, 2015, **유네스코 한국위원회와 지속가능발전교육**, 유네스코 한국위원회.
이승호, 2009, **한국의 기후와 문화 산책**, 푸른길.
이승호, 2016, 기후인자, 김종욱 외 12인, **한국의 자연지리**, 서울: 서울대학교출판부, 153−174.
이인규, 이승호, 2007, 제7차 교육과정 '한국지리' 교과서별 기후 관련 용어 비교 분석, **기후연구**, 2(1), 50−66.
정미숙, 2009, 우리나라 기후변화 교육 현황과 과제, **대한지리학회 학술대회논문집**, 7−9.
조철기, 2019, 인류세의 지리교육적 함의 탐색, **한국지리환경교육학회지**, 27(2), 87−97.
최영은, 2016, 한반도의 기후변화, 김종욱 외 12인, **한국의 자연지리**, 서울대학교출판부, 175−194.
최태현, 2019, 기술, 사회, 국가와 미래교육−질문으로 쓰는 시나리오, 이정동 외 22인, **공존과 지속: 기술과 함께하는 인간의 미래**, 민음사, 459−470.
ACARA, 2015, *The Australian Curriculum: HASS*, https://www.australiancurriculum.edu.au/(2021년 4월 5일 접속)
Buchan, D., 2010, *The Rough Guide to the Energy Crisis*, London: Rough Guides.
Cavalho, A., 2007, Communicating Global Responsibility? Discourses on Climate Change and Citizenship, *International Journal of Media and Cultural Politics*, 3(2), 180-183.
Chang, C. H., 2012, The Changing Climate of Teaching and Learning School Geography: the Case of Singapore, *International Research in Geographical and Environmental Education*, 21(4), 283-295.
Chang, C. H., 2014, *Climate Change Education: Knowing, Doing and Being*, Abingdon, Oxon: Routledge.

Chang, C. H., Wi, A., 2018, Why the World Needs Geography Knowledge in Global Understanding: An Evaluation from a Climate Change Perspective, Demirci, A., Gonzalez, R. M., Bednarz, S.(eds.), *Geography Education for Global Understanding,* Switzerland: Springer.

Commission on Geographical Education, 2016, International Charter on Geographical Education, *Journal of Geography*, 96(1), 33-39.

Hayward, B., 2012, *Children, Citizenship and Environment: Nurturing a Democratic Imagination in a Changing World*, London: Routledge.

Hicks, D., 2007, *Lessons for the Future: a Geographical Contribution*, *Geography,* 92(3), 179-188.

Hicks, D., 2014, A geography of hope, *Geography*, 99(1), 5-12.

Hicks, D., 2015, Learning to See Climate Change, *Teaching Geography*, 40(3), 94-96.

Hicks, D., 2018, Why We still Need a Geography of Hope, *Geography*, 103(2), 78-85.

Hicks, D., 2019, Climate Change: Bringing the Pieces Together, *Teaching Geography,* 44(1), 20-23.

Huckle, J., 1988, *What We Consume* (a Module of WWF's Global Environmental Education Programme Consisting of a Teachers Handbook and Ten Curriculum Units), Richmond Publishing Company.

IPCC, 2014, *CLIMATE CHANCE 2014 SYNTHESIS REPORT -Summary for Policymaker*(기상청 기후정책과 번역, 2015, **기후변화 2014-종합보고서-** 정책결정자를 위한 요약보고서).

Kopnina, H., 2017, Future Scenarios for Sustainability Education: the Future We Want?, Corcoran, P. B., Weakland, J. P., Wals, A. E. J.(eds.), *Envisioning Futures for Environmental and Sustainability Education,* The Netherlands: Wageningen Academic Publishers, 129-140.

Matthewman, S., Morgan, J., 2013, The Post-carbon Challenge for Curriculum Subjects, *International Journal of Educational Research*, 61, 93-100.

Peet, R., 1998, *Modern Geographical Thought*, Oxford: Blackwell.

Sheppard, S., 2012, *Visualizing Climate Change: A Guide to Visual Communication of Climate Change and Developing Local Solutions*, London: Routledge.

Standish, A., 2008, *Global Perspectives in the Geography Curriculum,* London & New York: Routledge(김다원, 고아라 역, 2015, **글로벌 관점과 지리교육**, 푸른길).

The Ontario Ministry of Education, 2009, *Acting Today, Shaping Tomorrow: A Policy Framework for Environmental Education in Ontario School.*

The Ontario Ministry of Education, 2017, *Environmental Education: Scope and Sequence of Expectations.*

The Ontario Ministry of Education, 2018, *The Ontario Curriculum: Social Studies, History and Geography.*

Toffler, A., 1974, *Learning for Tomorrow: The Role of the Future in Education*, New York: Vintage Books(이상주 역, 1976, **미래를 위한 학습** 1, 배영사).

World Commission on Environment ad Development: WCED, 1987, *Our Common Future*, Oxford University Press(조형준, 홍성태 역, 2005, **우리 공동의 미래**, 새물결).

6장

# 생태감수성과 숲 문해력: 마을 숲을 중심으로

**이경한 · 이상훈**

전주교육대학교 사회교육과 교수 · 전북 마령고등학교 교사

# I. 들어가며

숲은 자연환경의 중요한 구성요소이다. 생태계를 구성하는 주요 인자로서 숲은 지표면의 31%를 차지하고 있다. 숲은 지구에 산소를 공급하고 지속적으로 물을 공급하고 지표면의 토양을 안정화시키고 대기 온도를 일정하게 잡아 주는 역할을 수행한다. 이러한 기능을 하는 숲은 우리의 삶과 밀접한 관련이 있는 자연환경이다. 특히 생태계 보호, 기후변화 문제 등이 제기되면서 숲의 중요성은 어느 시기보다도 높아지고 있다.

숲은 환경문제를 야기한 사회구조적 측면과 그에 따른 정의와 사회정책적인 분배에 대해 문제의식을 갖고, 총체적인 관점으로 인간과 자연의 관계 및 사회와 자연의 관계를 바라보고, 이를 생태적으로 건전하게 재구성할 수 있는 능력 등을 갖춘 시민성(조철기, 2020)인 생태시민성이 강조되면서 그 중요성이 높아지고 있다.

숲의 생태적 역할은 기온 조절, 재해 방지, 야생 동물 보호 등의 자연생태적 차원과 미적·경관생태적 차원 그리고 문화생태적 차원에서 구분할 수 있다(이도원, 2004b, 363). 자연생태적 차원에서 숲은 "겨울을 지나도 이울어지지 않는 나무가 울밀하게 들어서서 그늘을 이루어, 여름에는 더위를 피하기에 마땅하옵고, 겨울에는 추위를 피하기에 마땅"[세종대왕기념사업회, '세종 16년 6월 30일 고득종의 상서', 세종실록(1971), 251]한 기온 조절의 효과가 있다(이도원, 2004b, 364). 숲은 하천이나 강변 제방에 조성되어 폭우나 홍수시 제방의 붕괴를 방지하고 생태적으로 건강한 환경을 갖추는 데 중요한 생태적 역할을 하게 된다(이도원, 2004b, 365). 숲은 주변 산과 하천에 연결되어 야생 동식물의 생태이동통로로서 역할을 담당하기도 한다(이도원, 2004b, 368). 다음으로 미적·경관생태적 차원에서 숲은 아름다운 경관을 제공한다. 사람들은 숲이 주는 경관에 상징이나 의미를 부여하기도 한다. 상징을 가진 숲은 주민들에 의해서 보호되고 때론 금기시하기도 한다. 다음으로 문화생태적 차원에서의 숲은 삶과 관련되어 있다. 사람들은 숲에서 쉼, 놀이, 운동 등을 하는 장소로, 더 나아가 정서적 안정감을 주는 치유의 장소로도 사용하고 있다. 때로는 고목은 당산제를 지내거나 숭배의 대상으로 삼기도 한다.

## II. 생태감수성을 위한 숲 문해력

숲은 인간의 삶과 생태계의 문제를 해결하는 데 큰 기여를 할 수 있다. 숲의 생태학적 기능은 지구촌이 겪고 있는 다양한 문제를 해결하는 데 중요한 실마리를 제공할 수 있다. 숲은 지속적인 관리를 통하여 지구촌의 당면과제에 대한 해결책을 제공해 줄 수 있다. 지구 생태계가 위협에 놓인 우리 시대에 숲은 그 중요성이 커지고 있다.

숲이 중요한 이유를 정리하면 〈표 1〉과 같다.

숲이 주는 생태적 기능과 지속가능성을 이해하기 위해서는 숲 문해력을 갖추어야 한다. 숲 문해력은 숲 자체와 숲과 관련된 주제에 대한 지식과 기능(Sustainable Forestry Initiative, 7)에 대한 이해를 의미한다. 숲 문해력은 숲을 자연과 연계시켜 미래 세대에게 영감을 주고 자연환경을 보호하는 청지기가 되도록 도움을 준다.

숲에 대한 문해력은 숲이 주는 가치와 혜택에 대한 지식을 가지고 있을 때 성취 가능하다. 숲 문해력을 지닌 사람은 숲과 관련된 역량을 지니고서 다음과 같은 다양한 행위를 수행할 수 있다.

- 우리 사회에서 숲과 관련된 사항에 관한 문제에 대해서 유권자, 소비자, 정책입안자, 토지소유주, 종사자와 방문자로서 숲을 건강하고 회복탄력성이 있게 보호하려는 의사결정을 수행한다.
- 숲과 관련한 의미로운 대화와 의사결정에 기여하고자 다양한 사람들의 의견에 귀를 기울인다.
- 고등교육과 전문과정에서 실시하는 삼림과 자원 관리 프로그램에 참여하고자 한다.
- 숲과 삼림 보호를 포함한 녹색경제를 지지하는 다양한 노력을 한다.
- 유엔의 지속가능발전목표를 구체화한 지속가능성을 성취하고자 하는 정부와 기구에서 숲과 관련된 협력과 의미로운 동참을 한다.

Sustainable Forestry Initiative, 6

**표 1. 숲이 중요한 이유**

① 기후변화의 해결
숲은 대기 중의 탄소를 제거하고 목재에 장기간 탄소를 보관함으로써 기후변화의 문제를 해결한다. 그리고 숲은 재생 가능한 바이오연료의 공급원이다.

② 위험에 처한 종의 복원
숲은 동물에게 생존, 이동과 번식을 하는 데 있어서 안전하고 다양한 서식지를 제공하고, 식물에게는 식물이 자랄 수 있는 다양한 경관을 제공함으로써 위험에 처한 종의 복원에 도움을 준다.

③ 생태계의 순환 기능
숲은 토양의 영양소 순환을 지원해 주고 공기와 물을 정화하고, 가뭄과 홍수를 조절하는 기능을 수행함으로써 생태계의 안정을 도와준다.

④ 재생 가능한 공급망(supply chains)의 제공
우리는 매일 종이, 판지와 나무 등과 같은 제품을 사용한다. 숲은 재생 가능한 제품을 공급해 주고 비재생자원의 고갈을 최소화해서 순환 경제에 도움을 준다.

⑤ 지역사회와 경제의 지속
숲은 다양한 직업의 기회를 제공하고 경제활동을 활성화시켜 주고 고용 창출을 통해서 지역사회의 경기를 활성화하는 데 기여를 한다. 숲은 지역경제의 선도를 지원함으로써 지역사회와 지역경제의 지속가능성을 도와준다.

⑥ 학습과 탐구를 위한 장소 제공
숲은 자연과의 연계에 대한 이해를 돕고 학생들이 성장하는 데 필요한 기능을 익힐 수 있는 학습과 탐구의 장소를 제공해 준다.

⑦ 사회적, 문화적 이익의 제공
숲은 시민들에게 놀이공간을 제공하고 감성을 회복하기 위한 장소를 제공하고 유지해 줌으로써 시민들의 사회적, 문화적 혜택을 줄 수 있다.

⑧ 천식과 호흡기병의 발병률 저하
숲은 도시의 공기를 정화하여 천식과 호흡기병의 발병률을 낮추어 준다.

⑨ 도시 열섬 문제 해결
숲은 도시에 그늘을 제공하고 대기의 습도를 높여 줌으로써 도시 열섬을 완화하는 데 도움을 준다.

⑩ 숲은 신약의 개발과 재래식물에서 추출한 전통적인 약을 제공해 준다.

Sustainable Forestry Initiative, 4

시민들의 숲 문해력을 신장시키기 위해서는 시민들이 숲의 지속가능성에 기여할 수 있도록 숲의 중요성과 역할을 이해할 수 있는 교육과정이 필요하다. 숲 문해력의 증진을 위한 교육과정은 미국과 캐나다를 중심으

로 많이 제안되었다. 여기서는 숲 문해력의 증진을 통한 생태시민성을 갖도록 한 교육과정에서 숲 문해력의 중요 콘텐츠를 살펴보고자 한다.

숲 문해력의 교육과정은 미국과 캐나다의 지속 가능한 숲 연구소(Sustainable Forestry Initiative; SFI)의 숲 문해력 프레임워크(Forest Literacy Framework), 미국 위스콘신주 환경교육센터와 천연자원국(Wisconsin Center for Environmental Education and Wisconsin Department of Natural Resources)의 '숲에서의 학습, 경험과 활동'(Learning, Experience & Activities in Forestry; LEAF)과 미국 오리건주 숲 자원 연구소(Oregon Forest Resources Institute)의 오리건주 숲 문해력 계획(Oregon Forest Literacy Plan)이 대표적이다. 그래서 여기에서는 세 기관의 숲 문해력 교육과정을 바탕으로 하여 숲 문해력의 핵심 내용을 살펴보고자 한다.

세 기관에서 제시한 숲 문해력을 위한 교육과정은 크게 4주제로 구성되어 있다(표 2).

4주제 중에서 '숲이란 무엇인가?', '숲이 왜 중요한가?', '숲을 어떻게 유지할 것인가?'는 공통적으로 제시한 주제이다. 그리고 나머지 한 주제는 '숲에 대한 책임감은 무엇인가?'와 '숲의 미래는 무엇인가?'로 구성되어

**표 2. 숲 문해력을 위한 교육과정**

| 지속 가능한 숲 연구소 (SFI) | 미국 위스콘신주 환경교육센터와 천연자원국 | 미국 오리건주 숲 자원 연구소 |
|---|---|---|
| 숲이란 무엇인가? | 숲이란 무엇인가? | 숲이란 무엇인가? |
| 숲이 왜 중요한가? | 숲이 왜 중요한가? | 숲이 왜 중요한가? |
| 숲을 어떻게 유지할 것인가? | 숲을 어떻게 유지할 것인가? | 숲을 어떻게 유지할 것인가? |
| 숲에 대한 책임감은 무엇인가? | 숲의 미래는 무엇인가? | 숲에 대한 책임감은 무엇인가? |

있다. 이것은 숲에 대한 우리의 책임감과 숲의 미래로 표현되는 것이 다를 뿐이다. 숲의 미래를 위한 우리의 책무성을 강조하고 있는 점에서 같은 의미를 다르게 표현했다고 볼 수 있다.

숲 문해력의 4주제는 구체적인 세부 주제를 제시하고 있다(표 3). 숲이란 무엇인가는 4~5개, 숲이 왜 중요한가는 3~4개, 숲을 어떻게 유지할 것인가는 4~5개, 그리고 숲에 대한 책임감은 무엇인가는 2~3개 세부 주제로 구성되어 있다.

표 3. 숲 문해력을 위한 세부 주제

| | 지속 가능한 숲 연구소 (SFI) | 미국 위스콘신주 환경 교육센터와 천연자원국 | 미국 오리건주 숲 자원 연구소 |
|---|---|---|---|
| 숲이란 무엇인가? | 1. 숲의 정의<br>2. 숲의 부분으로서 나무<br>3. 생태계로서 숲<br>4. 숲의 분류 | 1. 숲의 정의<br>2. 숲의 분류<br>3. 숲의 일부로서 나무<br>4. 생태계로서 숲<br>5. 생물 다양성과 숲 | 1. 숲의 정의<br>2. 숲의 일부로서 나무<br>3. 생태계로서 숲<br>4. 숲의 분류 |
| 숲이 왜 중요한가? | 1. 환경적 중요성<br>2. 사회적 중요성<br>3. 경제적 중요성 | 1. 역사적 중요성<br>2. 현재의 중요성<br>3. 미래의 중요성 | 1. 역사적 중요성<br>2. 환경적 중요성<br>3. 사회적 중요성<br>4. 경제적 중요성 |
| 숲을 어떻게 유지할 것인가? | 1. 숲의 소유권<br>2. 숲의 관리<br>3. 숲의 관리 정책<br>4. 숲 관리에 대한 관점<br>5. 숲 관리 인증 | 1. 숲의 소유자<br>2. 숲 관리의 정의<br>3. 숲 관리자<br>4. 숲 관리 의사결정<br>5. 숲 관리 문제 | 1. 숲의 소유권<br>2. 숲의 관리<br>3. 숲 관리 의사결정<br>4. 숲 관리 문제 |
| 숲에 대한 책임감은 무엇인가? | 1. 숲과 우리의 연계<br>2. 숲의 미래를 위한 일 | 1. 숲의 학습<br>2. 숲과 우리의 연계<br>3. 숲의 미래 | 1. 지속 가능한 숲에서의 우리의 역할<br>2. 우리 숲의 미래 |

## 1. 숲이란 무엇인가

숲 문해력에서 가장 기초적인 주제는 숲이란 무엇인가이다. 숲에 전반적인 이해가 곧 숲 문해력의 핵심이라고 볼 수 있다. 이 주제에서는 숲의 정의, 숲의 일부로서 나무, 생태계로서 숲, 숲의 분류를 공통적으로 다루었다. 다만 위스콘신주의 숲 문해력에서는 생물 다양성과 숲의 관계를 다루고 있다. 이 주제에서는 숲의 정의를 다룬 후 숲을 구성하는 나무, 나무가 모여서 이루어진 숲을 생태계라는 큰 틀에서 살펴보고 있다. 즉 숲이란 무엇인가를 미시적으로는 나무를, 그리고 거시적으로는 생태계라는 틀로 바라보고 있다.

먼저 숲 문해력에서는 숲의 정의를 다루고 있다. 여기서는 숲을 나무가 주를 이루면서 다양한 유기체가 공존하는 생태계(Oregon Forest Resources Institute, 7)로 정의하고 있다. 숲은 다양한 수종, 수령과 크기로 이루어진 나무들로 구성되어 있고, 생물 인자(예: 식물, 동물과 인간)와 무생물 인자(예: 토양, 양분, 습기, 햇빛과 기후)의 영향을 받는다.

다음으로 숲의 일부로서 나무를 다루고 있다. 여기에서는 나무의 특성을 이해하고 나무들이 숲에 어떻게 기능하고 적응하는가를 이해하도록 한다. 특히 나무는 줄기가 4미터 이상의 높이와 잎을 가진 다년생 식물임과 나무가 양분, 태양, 공간과 물을 얻기 위해 주변에서 자라는 나무 또는 식물들과 경쟁을 한다는 점을 안다. 나무는 발아, 성장, 숙성, 재생산, 쇠퇴와 죽음을 포함한 단계를 가지고 있다. 나무는 생태계의 일부로서 다양한 역할(예: 서식지 제공, 토양 안정화, 온화한 기온, 물과 양분의 순환)이 있음을 이해한다.

다음으로 생태계로서 숲에서는 나무와 숲이 환경에 영향을 주고받음을 이해하는 데 중점을 두고 있다. 생태학적 원리의 기초적인 이해와 숲에 대한 이 지식의 응용은 숲 생태계의 특성을 알아가는 데 도움을 준다. 숲 생태계가 환경, 공간과 시간 안에서 상호작용을 하는 생물과 무생물로 구성되어 있음을 이해하도록 한다. 숲은 육상 생태계와 수상 생태계와 연계되어 있고, 숲에서는 광합성, 에너지 흐름, 양분 등의 순환과정을 포함하고 있다. 그리고 숲에는 생산자, 소비자와 분해자가 있음을 이해하도록 한다.

마지막으로 숲의 분류이다. 숲의 분류는 일정한 기준으로 숲을 나누고 구별하는 것을 의미한다. 세계에는 다양한 숲이 존재하고, 이를 대체로 냉대림, 온대림, 열대림으로 구분할 수 있다. 식생대 안에는 우점종의 나무가 존재함을 이해한다. 그리고 숲이 생물 다양성과 지속가능성 간에 연계되어 있음을 이해한다. 여기서 생물 다양성은 생태계 다양성, 종 다양성과 유전적 다양성으로 구성되어 있음을 이해한다. 그리고 숲속에는 생물 다양성이 있고, 다양한 숲은 다양한 수준의 생물 다양성을 가질 수 있도록 해 준다는 것을 이해한다.

### 2. 숲이 왜 중요한가

두 번째 숲 문해력의 주제는 숲이 왜 중요한가이다. 이 주제는 인간의 삶을 위하여 숲을 지속적으로 관리하는 것이 얼마나 중요한지를 이해하도록 돕는 데 목적을 두고 있다. 이를 위해서는 숲과 인간의 연계성을 이해할 필요가 있다. 이 주제에서는 숲의 중요성을 환경적, 사회적, 경제적, 역사적 측면에서 살펴보고 있다.

먼저 숲의 환경적 중요성을 이해한다. 숲의 생태학적 기여를 살펴봄으로써 숲이 지구 생태계의 중요한 부분임을 이해한다. 그리고 숲이 공기, 물과 토양의 질에 영향을 주고, 물고기와 야생생물의 서식지를 제공하고, 생태계 보호와 천연자원 관리에 관한 학습 기회를 제공하고, 대기 중의 탄소를 모아 저장하고 지구 탄소 순환의 필수요소임(Oregon Forest Resources Institute, 8)을 이해한다.

다음으로 숲의 사회적 중요성을 이해한다. 여기서는 지역사회와 함께하는 숲이 사회에 주는 가치를 이해하는 초점을 두고 있다. 사람들은 개인적인 경험과 숲과의 연관성에 따라서 숲에 대한 다양한 가치를 두고서 숲을 이용한다. 여기서는 숲이 지표상에 거주하는 인간에게 매우 중요하다는 근거를 제시한다.

- 숲은 우리가 일상적으로 사용하고 있는 제품들의 원천이다.
- 숲은 글로벌 지속가능성을 지지해 주는 재생 재료와 바이오연료를 공급해 준다.
- 숲은 하이킹, 낚시, 카누, 캠핑 등과 같은 옥외 활동의 터전을 제공해 준다.
- 숲은 정신 건강의 개선과 스트레스 감소에 도움을 주고, 전반적인 안전과 행복감을 증진시켜 준다(Sustainable Forestry Initiative, 10).

다음으로 숲의 경제적 중요성을 이해한다. 숲은 재료의 생산, 직업의 창출, 투자 기회의 제공, 새로운 시장 창출을 통하여 사람들에게 많은 경제적 혜택을 제공한다. 경제생활에서 숲의 중요성 이해는 숲의 가치를 이해하는 데 도움을 준다. 숲은 재생 가능한 자원이고, 지속 가능한 벌목 관리와 식목은 다음 세대에게 일자리, 생산제품과 소득의 경제적 혜택을 누릴 수 있도록 해줌을(Sustainable Forestry Initiative, 11) 이해한다.

다음은 숲의 역사적 중요성을 이해한다. 인류의 과거, 현재, 미래에서 숲의 의미와 중요성을 이해하도록 한다.

- 역사적으로 숲은 인간의 생활에 큰 영향을 주었음을 이해한다.
- 숲은 인류의 역사와 함께 정착지를 제공해 준다.
- 인간의 거주지 확대로 인한 숲의 축소, 삼림의 남벌, 생태계 파괴의 역사를 가지고 있다.
- 현재에는 숲의 가치를 재평가하여 숲이 주는 심미적, 문화적, 생태적, 경제적, 교육적 혜택에 대해서 소중히 여기고 있다.
- 미래에는 인류가 숲의 지속가능성을 유지하여 생태계를 보호할 필요가 있다.

### 3. 숲을 어떻게 유지할 것인가

이 주제는 숲의 소유권, 숲의 관리 및 정책, 숲 관리의 의사결정과 숲 관리의 문제가 중심이다. 이 주제는 우리의 숲을 사적 영역과 공적 영역에서 다양한 합의와 협력을 통하여 지속시켜야 함을 이해시키는 데 목적을 두고 있다. 우리는 숲을 관리하는 데 있어서 각자 역할을 수행하고 숲을 관리하는 데 참여할 필요가 있다.

먼저 숲의 소유권이다. 숲은 사유림, 공유림, 국유림 등으로 관리되고 있다. 소유권의 형태에 따라서 숲의 관리 목표가 달라지고 법과 정책의 지배를 받고 있다. 숲의 소유권이 다양함을 이해하고, 소유권은 달라도 숲이 공적 기능을 하고 있음을 알도록 한다.

다음으로 숲의 관리와 정책이다. 숲의 관리는 원하는 목표에 부응하기 위하여 숲을 가꾸고 보호하고 개선하기 위한 기법의 활용이다(Wisconsin Center for Environmental Education and Wisconsin Department of Natural Resources, 17). 우리는 생태적, 경제적 그리고 사회적 목표에 맞추어서 숲을 관리한다. 이렇게 숲을 관리해야 할 이유에 대한 이해는 사람들이 숲의 관리 방법에 대해서 비판적으로 생각하도록 도와주고, 의식 있는 유권자, 소비자, 환경 청지기로서 참여하도록 도와준다(Sustainable Forestry Initiative, 12). 숲을 관리할 필요성을 이해하는 것은 숲이 주는 다양한 이익을 지구 생태계와 공유할 수 있도록 해 준다.

숲의 관리 형태와 강도는 숲의 소유권자, 숲의 관리 목표, 삼림의 유형에 달려 있다. 숲의 관리자는 숲의 전반적인 관리 계획을 세운다. 지속 가능한 숲의 관리를 위해서는 숲의 자연적 과정에 관심을 가져야 한다. 그리고 시민들은 숲의 관리에 대한 책임감을 가질 필요가 있다. 숲의 공적 기능과 생태계의 중요한 요소라는 점을 이해하고서 숲을 관리하는 데 직간접적으로 관심을 가질 필요가 있다. 우리 사회에서 숲의 관리는 숲의 육성, 복원, 유지, 보호 또는 개선에의 능동적 관리(예: 식목, 간벌, 벌목)에서부터 수동적 관리(예: 보호공원, 야생보호구역)에 이르기까지 다양한 범주를 가지고 있다(Sustainable Forestry Initiative, 13). 그래서 시민으로서 우리는 숲을 관리하는 데 있어서 주어진 상황 속에서 자신의 역할을 충실히 수행할 필요가 있다.

숲의 관리를 위한 의사결정은 다양한 관점과 사고를 반영한다. 숲의 관리를 위한 의사결정에 는 환경적 인자(예: 숲의 구성, 숲의 유형, 위험에 처한 종), 사회적 인자(예: 법, 지식, 여가, 심미)와 경제적 인자(예: 비용, 이익)가 영향을 준다(Wisconsin Center for Environmental Education and Wisconsin Department of Natural Resources, 18). 이런 숲 관리를 위한 의사결정은 숲과 관련된 쟁점으로 이어진다. 숲의 관리는 자원의 지속가능성에 대해서 긍정적 그리고 부정적인 영향을 줄 수 있다. 숲에 대한 서로 다른 생각은 숲 관리의 의사결정에 큰 영향을 준다. 더욱이 숲을 관리하는 기법(예: 산불, 벌목)은 안전 문제, 심미적 영향, 잘못된 이용 등의 문제로 사회적 논쟁을 일으킬 수 있다.

시민들은 자신들이 가진 정책, 과학 지식, 경제, 가치, 지각과 경험의 영향을 받아 숲 관리의 방식에 대해 다양한 관점을 가지고 있다. 숲의 관리는 숲 생태계의 복합적인 특성뿐만 아니라 다양한 관점으로 인하여 논쟁의 대상이 될 수 있다. 숲의 관리와 관련된 쟁점은 목재 생산, 탄소 저장과 기후변화, 삼림지 이용, 자연발화 등이 있다. 숲의 관리라는 의사결정에서 다양한 관점의 인정은 보다 효과적인 문제 해결을 가져올 수 있고, 숲을 보다 지속 가능하도록 하는 결과를 낳을 수도 있다(Oregon Forest Resources Institute, 11).

## 4. 숲에 대한 책임감은 무엇인가

이 주제에서는 우리가 현 세대와 미래 세대를 위하여 숲을 유지하는데 도움을 주는 역할을 할 수 있도록 돕고자 한다. 우리는 숲에 대한 관찰, 이해와 직접 경험을 통하여, 지속가능성을 담보한 제품의 선택을 통하여, 그리고 지역사회에서 적절할 행동의 실천을 통하여 숲의 지속가능성을 증진시킬 수 있다. 그리고 우리는 글로벌 지속가능성 문제를 해결하는 데 있어서 숲이 제 역할을 다할 수 있도록 참여하고 교육을 받는 것이 중요하다(Sustainable Forestry Initiative, 16).

이 주제의 주요 내용은 숲과 우리 생활과의 연계, 지속 가능한 숲을 위한 우리의 역할, 그리고 숲의 미래 등이다. 먼저 숲과의 우리 생활의 연계에 대한 이해이다. 우리는 자원을 이용하는 의사결정에서 시민으로서의 역할과 그 의사결정이 숲에 영향을 미치는 방식을 알아야 한다. 모든 시민은 인간 생활을 유지해 주는 숲을 포함한 환경의 보호에 책임감을 가지고 있다. 개인적이든 집단의 일원으로든 간에, 행동하는 시민은 숲의 지속 가능한 이용을 돕는 생활양식을 결정하고 이를 실천할 수 있다. 숲과 관련된 의사결정은 정치, 과학, 감성과 경제의 영향을 받을 수 있다. 현재와 미래에서 삶의 질과 숲의 질 사이의 관계는 서로 영향을 줄 수 있음(Wisconsin Center for Environmental Education and Wisconsin Department of Natural Resources, 20)을 명심해야 한다. 곧 숲이 우리의 삶, 특히 미래 세대의 삶에 결정적인 영향을 줄 수 있음을 알 필요가 있다.

다음으로 지속 가능한 숲을 위한 우리의 역할이다. 숲의 보호를 위한 우리의 행동을 다루고 있다. 모든 사람은 숲을 존중하고자 하는 책임감과 숲 자체와 숲이 가진 자원에 대한 의식 있는 보호자가 되고자 하는 책임감을 가져야 한다. 자연환경 안에서 우리의 행동은 숲의 건강과 회복 가능성에 직접적으로 영향을 미친다. 숲의 소비자로서 우리가 행하는 선택은 미래 세대가 숲 생태계를 유지하는 능력에도 영향을 준다(Sustainable Forestry Initiative, 17)는 점을 명심해야 한다.

다음 장에서는 마을 숲을 중심으로 해서 앞에서 다룬 숲 문해력을 높이고, 이를 통하여 생태감수성을 신장시키고자 한다. 숲 문해력에서 중요한 주제인 숲이란 무엇인가, 숲이 왜 중요한가, 숲을 어떻게 유지할 것인가와 숲에 대한 책임감은 무엇인가를 마을 숲을 내용으로 살펴보고자 한다.

그리고 숲이 가진 생태 다양성에 대한 이해를 바탕으로 생태감수성, 더 나아가 생태시민성의 함양에 기여하고자 한다.

## Ⅲ. 마을 숲이란 무엇인가

마을 숲은 우리나라에서 나타나는 독특한 경관 중 하나라고 말할 수 있다. 일반적으로 마을공동체 삶의 표출로 마을 사람들이 공동으로 조성, 소유, 보호한 숲을 말한다. 그리고 마을 숲은 역사적, 문화적, 생태적으로 다양한 요소가 결합한 문화유산이다. 마을 숲은 마을의 역사, 문화, 토속신앙 등을 바탕으로 마을 사람들의 실생활과 직접적인 관련이 있다. 마을 숲에 대한 연구는 조경학을 필두로 풍수학, 야생화, 조류학, 곤충학, 생태학 등 다양한 분야에서 연구되고 있는 종합 과학이라고 말할 수 있다.

마을 숲을 조성한 이유는 마을에 터를 잡고 살아오면서 마을이 불안하거나 화재와 수해가 발생할 때 이를 극복하기 위한 방책으로 마을 숲이 조성되었을 것으로 보고 있다.

몇몇 사람들이 정처 없이 떠돌다가 어느 자리에 정착하게 된다. 그런데 때때로 마을 입구가 허하여 어떤 방비가 필요하다고 생각했지만 마음뿐이었다. 그렇다고 몇 명이 할 수 있는 일도 아니었다. 시간이 흘러 보다 많은 사람이 살게 되었다. 그런데 어느 날 마을에 큰 화재 나서 마을이 완전히 황폐화되었다. 재앙이 발생한 후 마을 사람들이 모여 의논한 끝에 마을을 황폐하게 한 원인을 밝히게 된다. 마을 입구로 세찬 바람이 들어왔기 때문이라는 것을 알게 된다. 이후 마을 사람들은 나무를 심기로 결정한다. 빨리 자라고, 튼튼하고, 바람을 막아낼 수 있는 수종을 골라 심게 된다. 될 수 있으면 적게 심어도 효과가 날 자리를 골라 심게 되었다. 그러다 보니 수구(水口)가 좁은 곳에 심게 되었다. 마을 사람들은 조금씩 나무 심기를 하면서 심은 나무를 보호하는 데 게을리하지 않았다. 이후 화재가 줄고 별걱정 없이 살게 되었다. 그런데 일이 발생했다. 누군가가 마을 숲을 훼손하는 일이 발생한 것이다. 큰일이었다. 마을 규칙을 세우고 서로 감시했지만 훼손하는 일이 줄어들지 않았다. 그래서 방책을 생각해 내게 된다. 그것은 마을 숲을 공동의 소유로 하는 것이었다. 그리고 여기에 신앙성과 신성성을 부여했다. 마을 숲의 땔감을 가져다 쓰면 죽는다거나 불구가 된다거나 하는 신성성과 함께 여기에 제를 모시면 마을과 마을 사람들이 잘살 수 있다는 믿음이 부과된 것이다. 그래서 마을 숲이 오랫동안 보존될 수 있었다.

흔히 마을 입구에서 있는 당산나무는 그 마을의 역사를 가늠해 주는 척도가 된다. 즉 나무는 사람들이 마을을 형성하여 살아가는 모습을 지켜본 산 증인이 된다. 그것은 당산나무가 마을의 수호신으로 모셔지므로 수령을 헤아려 보면 마을의 역사를 가늠할 수 있다. 그런데 이 당산나무가 한두 그루가 아니라 마을 정면에서 숲을 이루는 경우가 있다. 이러한 숲을 '마을 숲'이라고 칭한다(그림 1, 2). 물론 마을 숲은 일정한 기능을 하면서 인위적으로 조성된 것이 특징이다(박재철, 이상훈, 2007).

마을 숲이 지니는 문화적 의미는 아주 다양하다. 마을 숲은 토착 신앙적으로는 마을 사람들의 숭배 대상, 풍수지리적으로는 좋은 땅을 조성하는 구조물, 경관적으로는 절승(絶勝)의 장소, 경관을 조망하기 좋은 장소, 이용과 관련해서는 휴식, 집회, 놀이, 운동 등과 같은 여러 가지 활동을 수용하는 장이다. 그리고 바람과 홍수, 소음 등을 막아 마을을 안락하게

그림 1. 전북 진안군 원연장 마을 숲

그림 2. 경남 남해군 물건 마을 숲

해 주는 조절 장치, 외부로부터 마을을 보호하고 시각적으로 차단하는 구조물 또한 마을의 영역을 경계 짓는 상징적 장소의 역할을 하는 문화 통합적 경관이다.

마을 숲은 자생하여 이루어진 산림이나 목재를 이용할 목적으로 조성한 수림과 같은 산야의 일반적인 숲을 지칭하는 것이 아니다. 마을 숲은 마을의 역사, 문화, 신앙 등을 바탕으로 하여 이루어진 마을 사람들의 생활과 직접적인 관련이 있는 숲으로서, 마을 사람들에 의하여 인위적으로 조성되어 보호 또는 유지되어 온 숲을 말한다(김학범, 장동수, 1994, 16)

## 1. 마을 숲의 현황

마을 숲은 작게는 몇 그루로 조성된 숲부터 많게는 몇천 평에 걸쳐 조성된 숲까지 다양하다. 몇 그루로 숲이 형성되어 있을지라도 마을 사람들이 이를 관념상 마을 숲으로 생각하고 있으면 마을 숲에 해당된다. 이와 같은 개념으로 볼 때 우리나라의 마을은 공간 구조상 배산임수로 대부분 자리하고 있어서 거의 모든 마을에서 마을 숲이 조성되었다고 해도 과언이 아니다.

## 2. 마을 숲의 수종

마을 숲은 단일수종이 대부분이다. 그 수종은 보통 느티나무, 서나무, 개서어나무, 팽나무, 은행나무, 회화나무, 왕버들나무, 소나무, 상수리나무 등이다. 이중 가장 널리 분포하는 대표적인 수종은 느티나무이다. 느티나무는 뿌림 퍼짐이 좋고 오래 사는 나무 중 가장 대표적인 것이다. 느티나무는 흔히 귀목나무, 당산나무, 정자나무, 애향수, 동구나무, 동수라 불린다. 느티나무 혹은 회화나무를 뜻하는 한자어 괴(槐)는 목(木)자와 귀(鬼) 자가 합해져 된 글자이다. 이는 나무와 귀신이 함께 있는 상태 또는 그러한 사물을 뜻한다. 즉 '괴'라 하는 나무는 나무귀신, 귀신 붙은 나무로 해석한다. 따라서 '괴'라는 명칭을 가진 나무는 토착 신앙과 깊은 관계가 있는 신목(神木)이며 괴목(槐木), 귀목(鬼木), 귀목나무라고 불린다.

### 3. 마을 숲의 풍수지리적 입지

그림 3. 마을 앞(수구막이)

그림 4. 마을 옆(좌·우)

그림 5. 마을 뒤쪽(뒷동산)

그림 6. 마을 계곡 숲

마을 숲은 마을 앞, 마을 옆, 마을 안(중앙), 마을 뒤(위), 하천 등에 위치한다(그림 3, 4, 5, 6). 마을 숲의 위치가 다양하게 나타나는 것은 풍수지리적 입지와 관련된다. 흔히 비보풍수에 입각해서 마을 숲이 조성되었는데 그 유형은 다음과 같다.

① 용맥비보(龍脈裨補)

용맥비보란 명당을 이루는 용맥의 형세와 기운을 조정하여 적정 상태로 맞추는 것으로서 산기(山氣)가 쇠(衰)할 때 조산(造山) 하거나 숲을 조성하여 생기를 북돋고 이상적인 상태를 맞추는 것을 일컫는다. 특히 산기가 쇠하였거나 동산일 경우에 소나무 등을 심어 숲을 조성하거나 돌탑을 쌓아 생기를 배양(培養)한다.

② 장풍비보(藏風裨補)

장풍비보는 풍수상 장풍적 조건을 보완하는 것이다. 〈청오경〉에서 말하기를 이상적인 지형은 '사합주고(四合周顧)'라 하여 주위 사방의 산수가 두루 둘러싸인 듯해야 한다고 하였다. 그 주문에서 '사합주고'란 전후좌우에 비거나 빠진 것이 없음을 말한다고 하였다. 이는 풍수에서 명기(明基)의 조건을 말한 것으로서, 만약 이러한 조건이 충족되지 못한 지형에서는 장풍비보를 적용한다. 장풍비보는 주로 탑이나 숲이 활용되며 대표적인 것이 수구 비보이다(그림 7). 수구 비보에서는 주로 마을 앞의 허한 곳에 나무를 심어 숲을 조성하였다.

그림 7. 남원시 대산면 옥전 마을 숲

③ 득수비보(得水裨補)

득수비보는 기지(基地)의 자연수 흐름을 풍수상 적정 조건으로 조정, 보완하는 비보법이다. 풍수의 독수 조건은 일반적으로 수회(水回)하거나 수곡(水曲)하여야 길(吉)하다고 하며 "전수(前水)의 법은 매번 굴절할 때 고였다가 빠져나가야 하며", "나를 돌아보면서 머물고자 하여야" 한다. 그러나 반대로 수류(水流)하거나 수직이면 흉한 경우가 되므로 이럴 때는 수정 보완책으로 수로를 둥글게 파서 물이 주거지를 감돌아 흘러나가도록 한다든지, 혹은 못을 파서 물이 고였다 흐르도록 한다. 또는 숲을 조성하여 곧장 빠져나가는 물을 우회시키는 비보법을 적용한다.

④ 형국비보(形局裨補)

형국비보는 지형의 형국체계에 보합(保合)되는 장치를 하는 것으로 행주형국(行舟形局)이면 못을 파거나 돛대를 세우는 비보책이다. 또한 봉황형국일 때 오동나무나 대나무를 심는 것이 비보책이다(최원석, 2004).

## 4. 마을 숲의 기능

### (1) 상징적인 기능

마을 숲이 풍수적으로 수구막이 역할을 하는 점이 〈택리지〉의 복거총론에 다음과 같이 기록되어 있다.

> 수구가 어그러지고 허술하며 텅 비고 넓은 땅에 거주하면 좋은 전답 1만 경(頃)과 1000칸짜리 넓은 집을 가지고 있다 해도 대개는 후세에 전하지 못하고 자연스럽게 쪼그라들고 흩어져서 망하고 만다. 그러므로 집터를 살펴

서 고르려면 반드시 수구가 오므려 닫힌 땅 안쪽에 들녘이 펼쳐져 있는지를 주의 깊게 보아야 한다.

산중에서는 수구가 오므려 닫힌 땅을 쉽게 찾을 수 있으나 들판에서는 땅이 단단하게 응축되어 있기가 어려우므로, 반드시 물이 나가는 것을 막는 산발치(砂)가 있어야 한다. 높은 산이나 그늘진 언덕을 따질 것 없이 힘차게 물결을 거스르고 막아서는 당국(堂局: 명당의 형국)이면 길하다. 막아서는 당국이 한 겹이어도 좋지만 세 겹이나 다섯 겹이면 더욱 길하니, 이런 땅은 완전하고 튼튼하게 면면히 이어나갈 집터라 할 수 있다. (이중환 저, 안대희, 이승용 외 역, 2018, 229)

여기에서 길지를 이루기 위해서는 수구가 닫힌 곳을 찾거나, 수구막이를 하여야 하는데 마을 숲이 대표적인 기능을 한다.

수구막이 혹은 수구맥이는 풍수적 배경을 갖는 마을 숲이다. 여기서 수구막이는 마을 앞쪽으로 물이 흘러가는 출구나 지형상 개방된 마을의 앞부분을 은폐하기 위해 가로로 길게 늘어서 심은 인공의 마을 숲 띠를 지칭한다. 이러한 수구막이는 마을의 물이 빠져나가는 곳을 막아 설치하는 입체 시설이기는 하지만 댐과 같이 물을 가두는 경직된 구조물은 아니다. 수구막이는 허전하게 열려 있는 부위를 가로막음으로써 댐이 물을 담는 것과 같은 심리적 효과를 얻고자 하는 풍수적 의미의 구조물이다. 수구는 단지 물이 흘러나가는 물리적 의미의 수로를 지칭하는 것일 뿐만 아니라 마을의 풍수지리적 형국이 가지고 있는 상징적 의미들, 즉 복락, 번영, 다산, 풍요 등 상서로운 기운이 함께 흘러나간다고 믿는 심리적인 의미의 출구이고 보면 수

구막이의 풍수적 의미는 더욱 자명해진다. (김학범, 장동수, 1994, 103)

대부분의 마을 숲이 처음 조성된 것은 풍수적으로 허함을 방비하기 위해서였다. 그래서 마을 사람들은 흔히 마을이 허해서 옛날 사람들이 심었고, 이 숲은 수구막이 역할을 한다고 여겼다. 마을 사람들은 이 숲을 비보수, 수구막이, 숲맥이, 숲정이 숲 등으로 부른다(그림 8). 마을로 들어가는 입구에 자리 잡은 마을 숲은 환경심리학적 측면에서 완충 공간의 구실을 한다. 상대적으로 익숙한 마을 공간에서 덜 익숙한 외부 사회로 나갈 때 개인이 받는 심리적 불안감과 충격을 구불구불한 동구의 숲길에서 흡수함으로써 완충 기능을 한다. 마을 숲은 물질적인 완충 기능뿐만 아니라 정신적이고 심미적인 측면을 고려한 선조들의 지혜 산물이다. 마을 주민들은 마을 숲을 오랫동안 보호, 보존하기 위하여 숲에 신성성, 신앙성을 첨가하였다. 이러한 연유로 마을에는 마을 숲과 결합하여 돌탑, 선돌 등과 함께 조성된 것이 민속물들이 남아 있다. 또한 마을 사람들이 공동으로 참여하는 공동체 의식인 마을 제사도 계승되고 있다.

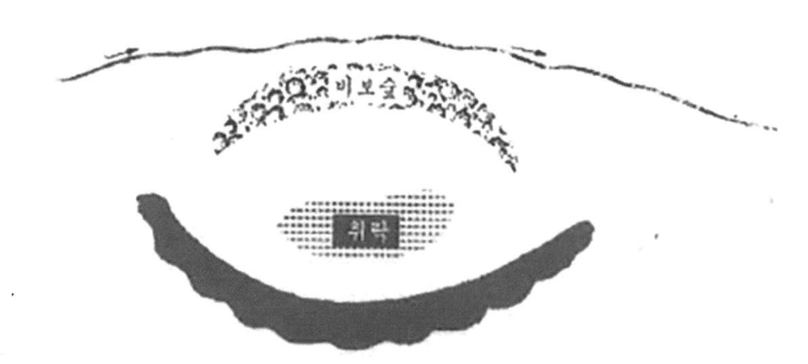


고을 뒤로는 주산이 든든히 받치고 있으나 앞이 허하여 숲으로 비보하였다.

**그림 8. 비보숲 개념**(최원석, 2004)

(2) 실제적인 기능

마을 숲은 상징적인 기능만을 하는 것이 아니라 실제적인 기능도 한다. 특히 마을이 북향을 하고 있으면 겨울철에 심한 바람이 불기 때문에 마을 숲은 북풍을 막아 주는 기능을 한다(그림 9). 그리고 마을 숲은 외부에서는 마을을 보이지 않게 해 주어 전란 시에 마을을 전란으로부터 보호해 주는 기능을 한다. 그래서 마을 숲은 방풍림으로서의 기능과 차폐 기능을 한다. 또한 수해를 방지하기 위한 경우도 마을에서 볼 수 있다. 이러한 예로는 마을 뒤 골짜기에서 흘러온 물이 합류하는 지점이나 마을 앞에 흐르

수해를 막기 위하여 천변에 숲을 조성하였다.

**그림 9. 제방숲 개념도**(최원석, 2004)

**그림 10. 전북 진안군 원가림 마을 숲**

는 천변에 마을 숲을 조성한 경우이다(그림 10). 마을 주민들은 천변에 있는 마을을 수해로부터 보호할 수 있는 장치로 마을 숲을 조성하고 마을 숲을 함부로 훼손하지 못하게 하였다.

(3) 기능의 변화

마을 숲은 규모가 대부분 축소되거나 훼손되어 없어진 경우가 많다. 그런데도 오늘날까지 마을 숲의 관념은 살아 있다. 예전에는 마을 숲이 수구막이로서 기능을 담당했고 마을 숲에서 제사 의식이 행해졌으나, 최근에는 제사 의식이 행해지지 않는 마을이 많다. 요즘에는 마을 숲에서 휴식이나 운동, 야영, 농사용 작업, 표고 재배 등이 주로 행해지고 있다. 주민들의 이용도가 낮은 숲에는 고장 난 농기계를 버려두거나 농사용 자재를 야적하는 경우가 있어서 마을 숲은 본래의 의미를 상실하고 황폐화된 공간이 되기도 했다. 하지만 마을 숲에 대해 새롭게 인식하면서 마을 숲을 새로운 생태공간으로 조성하고자 노력하고 있다.

## 5. 마을 숲의 소유권

마을 숲은 보통 마을의 공동 소유로 관리되어 오고 있다. 그래서 대체로 마을 숲을 마을 땅이라고 부른다. 이 점은 마을 숲이 오랫동안 유지 보존된 중요한 이유 중 하나이다. 마을 숲의 소유가 개인이 아닌 마을 공동 소유라는 것은 마을 숲의 땅이나 나무를 팔려면 한 개인이 독단적으로 할 수 없고 마을 사람의 동의를 구해야 함을 의미한다. 그리고 마을 숲이 가지는 신성성은 마을 주민들이 마을 숲을 얼마나 중요시했는지 보여 주는 것이고, 이런 의식이 마을 숲을 현재까지 보존하게 해 주었다.

## Ⅳ. 마을 숲의 생태적 기능

### 1. 방풍, 습도, 온도 조절 기능

마을 숲은 방풍림 효과를 가지고 있다. 골바람이 많은 산간 지역에서 마을 숲으로 수구막이를 하는 주된 이유는 방풍에 있다. 마을 숲은 마을 전체를 감싸고 있어서 사람뿐만 아니라 가축, 마을 안의 경작물을 보호하기도 한다. 예를 들어, 전북 진안군 하초 마을 숲은 우리나라 대표적인 마을 숲으로 산림 문화 자원으로 지정하여 보존하고 있다(그림 11, 12). 하초 마을 숲 연구(박재철 외, 2003)에 따르면 바람 감소(바람 갈무리) 효과와 습도와 온도 조절 기능이 있는 것으로 나타났다. 즉, 하초 마을 숲은 낙엽활엽수림인 특성상 계절에 따라 다르나 보통 숲 밖 풍속의 60% 이상 감소 효과가 있다고 밝히고 있다. 습도에서도 마을 숲 안쪽이 바깥쪽보다 상대습도가 높다. 즉, 4월 조사에 의하면 마을 숲 밖의 평균 상대습도는 59.6%, 마을 입구의 평균 상대습도는 61.8%이다. 6월 조사에 의하면 마을 숲 밖의 평균 상대습도는 40%, 마을 입구의 평균 상대습도는 46.5%로 나타났다. 그래서 마을 숲에 인접한 천수답 농경지의 물 관리를 효율적으로 하고 농작물 생산성 향상에도 이바지하고 있다고 분석되었다. 온도 조절 기능에서도 마을 숲이 봄철 4월에는 마을 숲 안쪽의 온도를 높여주는 보온의 기능을 하고, 더워지는 6월에는 온도를 낮추는 냉방의 기능을 하는 것으로 확인되었다. 그래서 마을 숲은 숲 안에 자리한 문전옥답(門前沃畓)의 농작물 생장 촉진, 기상재해 방지 및 물 보존을 하는 것으로 나타났다.

그리고 경기도 이천시 백사면 송말 마을 숲의 연구가 진행되었다(이도

그림 11. 전북 진안군 하초 마을 숲 전경

그림 12. 전북 진안군 하초 마을 숲과 경작지

원, 2004a). 송말 마을 숲에는 우점종 느티나무 70여 그루, 음나무와 오리나무 각각 4그루, 기타 7종의 큰키나무(교목) 한 그루씩, 그리고 떨기나무(관목)인 쥐똥나무와 진달래, 철쭉 등이 있다. 송말 마을 숲에서 2004년

11월부터 2005년 7월까지 풍향과 풍속, 기온, 습도를 자동으로 측정하고, 컴퓨터 모의실험으로 분석한 결과, 숲 높이 2배 길이의 마을 쪽 풍속은 마을 바깥쪽 풍속보다 대략 30% 약했고, 상대습도는 5% 증가했고, 잠재증발량은 7% 감소했다. 이를 통해서 볼 때 전통 마을 숲이 안들의 경작지를 보호하고, 토양 수분 유지에 이바지한다는 사실을 짐작할 수 있다.

## 2. 방제림으로서의 기능

마을 숲의 조성 배경에는 홍수와 같은 재해를 방지하는 기능도 작용하고 있다. 그래서 방제림은 물길이 돌아 마을을 휘돌 때 물 기운을 줄이는 위치에 자리를 잡았다. 방제림은 마을을 휘돌고 있는 물길의 속도를 늦추고 물길의 방향을 마을 밖으로 유도하여 마을을 보호하는 기능을 한다. 우리나라의 대표적인 방제림은 전북 임실군 방수리 마을 숲(그림 13), 전남 담양군 관방제림(그림 14), 전북 진안군 무거 마을 숲(그림 15)이 있다.

그림 13. 전북 임실군 방수리 마을 숲

그림 14. 전남 담양군 관방제림의 모습

그림 15. 전북 진안군 무거 마을 숲

### 3. 물 공급의 원천으로서의 기능

마을 숲은 물의 원천적 공급처로서 기능을 한다. 천택(川澤)은 예전부터 농리(農利)의 근본이었다. 그래서 저수지를 판 다음 둑을 쌓고 둑을 안정시키기 위해 나무를 심었다. 이처럼 마을 숲은 산야를 보호하고 수해를 방지했다. 역사적으로 대표적인 숲은 경남 함양 상림숲(그림 16)과 경남 고성 장산숲(그림 17)이다. 아울러 산간 지역에서는 경사가 급하므로 수구에서 물이 빠르게 빠져나갈 수밖에 없는 조건이어서 수구막이에 나무가 있으면 뿌리가 지하수 흐름을 저지할 수 있다. 거기에다 연못이 함께 있으면 지하수위를 높이고 물 빠짐을 더욱 더디게 할 수 있다.

마을 숲을 널리 조성할 당시에는 빗물에 의지하는 천수답이 우세했다. 마을 유역 안에서 물이 빠르게 흘러가거나 증발하면 경작지에 댈 물이 줄어들 수밖에 없었다. 이런 경우 낮은 산과 수구에 숲을 유지하면 뿌리가 지표 토양을 다져 주어 지하에서 흘러나가는 물을 줄이고, 숲의 방풍으로 농경지와 마을의 수분 증발을 줄일 수 있다. 우리나라의 마을 숲과 비슷한 구조를 가진 중국 윈난성 원양현의 하니족 마을에서는 물이 숲에서 나온다는 믿음을 가지고 있어서 마을 전체를 숲으로 에워싸는 방식으로 마을을 조성하였다.

그림 16. 경남 함양군 상림숲의 모습

그림 17. 경남 고성군 장산 마을 숲

## 4. 혼농임업의 기능

마을 숲에는 혼농임업(混農林業)의 개념이 포함되어 있다. 혼농임업은 통합적이고 생산적이며 생태적으로 건강하고 지속 가능한 토지이용 체계를 이루기 위한 농업, 임업 기술의 조합이다. 이는 농작물과 나무의 교차배열을 통한 농경과 수변 숲이 완충대, 임업과 목축업 병행, 방풍림 등의 구체적인 실행 방법을 고려하고 있다. 마을 숲은 농경지 가까이에 그늘을 만들고, 새들이 숨을 수 있는 공간을 만들어 농작물 생산을 감소시킬 수 있다. 그리고 마을 숲은 화학비료가 없던 시대에 퇴비로 사용할 수 있는 낙엽을 공급해 주어 농토의 비옥도를 유지해 주었다. 산야에서 베어 온 풀과 떨기나무는 농경지에 풋거름으로 활용하였다. 이와 함께 경작지와 가까운 곳에 있는 마을 숲은 자연스럽게 낙엽을 농토에 제공하게 된다. 마을 숲에서 논이나 밭으로 날려 들어온 낙엽은 유기물과 질소, 인을 포함하는 영양소들을 제공하였다. 그리고 영양소들은 나무뿌리에 녹아 있는 형태로 분비되거나 뿌리가 죽어서 가까운 농경지에 유기물을 제공하였다. 근래의 생태학은 숲에서 뿌리를 통해서 토양에 공급되는 유기물이 지상부에서 생산된 낙엽과 죽은 나뭇가지 형태로 공급되는 정도에 뒤지지 않는 것으로 밝히고 있다(이도원, 2004a).

## 5. 생태계 다양성과 생물 다양성

마을 숲이 가진 생물 다양성의 증진과 그에 따른 생태계 서비스 효과는 아마도 옛사람들이 염두에 두지 않았을 것으로 추측되지만 지금은 매우 중요한 기능이 되었다. 마을 숲은 생물들이 깃들 수 있는 여건을 갖추고 있다. 마을 숲은 새들이 앉아서 은신할 수 있는 곳이다. 곤충들은 물에서 애벌레 시절을 보내고 땡볕으로 나가기 전에 연약한 몸을 그늘에서 단련시켜야 하는데, 그때 물가의 마을 숲이 가장 적합한 공간이다. 곤충을 먹이로 하는 양서류, 이들을 먹고사는 파충류와 새에게는 마을 숲이 손쉽게 먹이를 구할 수 있는 곳이기도 하다(그림 18).

마을 숲은 생물 다양성의 보전을 위한 보고이다. 그래서 마을 숲에서는 생물 다양성을 쉽게 확인할 수 있다. 예를 들어 전북 진안군 서촌 마을 숲의 경우 개서어나무가 우점종을 이루고 있는데, 생강나무, 졸참나무, 때죽나무, 신나무, 왕쥐똥나무, 개옻나무, 국수나무, 상수리나무, 애기나리, 아까시나무, 인동덩굴, 산딸기, 양지꽃, 족두리풀, 맥문동 등 관목층과 초본층이 27종에 달한다.

그리고 전북 진안군 원연장 마을 숲의 경우에는 느티나무, 팽나무, 개서어나무 등이 우점종을 이룬다(그림 19). 원연장 마을 숲의 경우 관목층과 초본층, 즉 떡갈나무, 화살나무, 쥐똥나무, 찔레, 청미래덩굴, 산딸기,

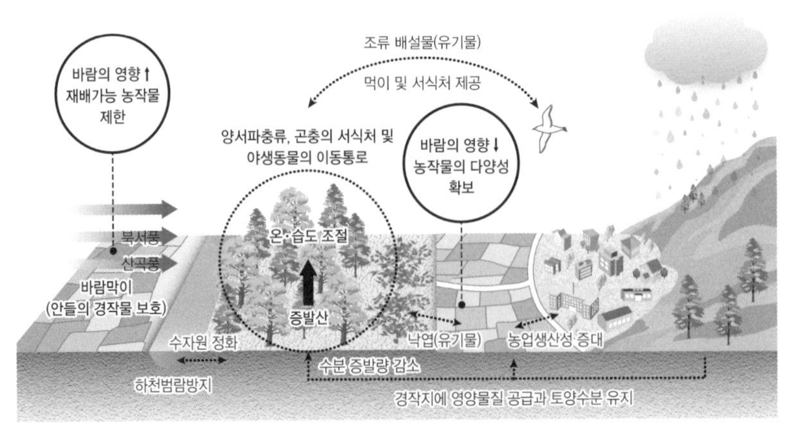


그림 18. 마을 숲의 생태계 기능

그림 19. 전북 진안군 원연장 마을 숲 내부

도깨비바늘, 미국자리공, 마, 고마리, 개여뀌, 뱀딸기, 주름조개풀, 모시물통이, 들현호색, 여뀌바늘, 고사리 등 21종이 자리를 잡고 있어 마을 숲이 생물 다양성을 보여 주는 예이다. 이렇듯 작은 면적에서 독특하게 생물 다양성을 관찰할 수 있는 생태공간은 마을 숲뿐이다(박재철, 2018).

## V. 마을 숲과 마을 주민의 삶

마을은 혈연과 지연을 바탕으로 이루어진 작은 국가와도 같은 공동체 집단이다. 마을은 터를 잡아 사는 사람들의 공간이다. 마을은 정치, 경제, 사회, 문화, 교육, 종교 등 모든 영역이 갖추어진 장소이다. 정치 면에서 촌장 중심의 의사 논의 기구와 결정 조직, 경제 면에서 두레 조직, 사회 면에서 여러 금기와 도덕, 윤리 조직, 문화 면에서 놀이 조직, 교육 면에서 서당이라는 교육기관, 종교 면에서 마을굿 등이 갖추어져 있어 가히 하나의 작은 국가라고 말할 수 있다.

송기숙 교수는 〈마을, 그 아름다운 공화국〉이라는 산문집에서 마을을 세상의 축소판으로 서술하였다. 그는 마을에 대개 5가지 유형의 인물이 존재한다고 이야기한다(송기숙, 2005). 한 유형의 사람이 없어지면 곧 새로운 인물이 나타나 그 자리를 메우게 마련이라는데, 존경받는 마을 어른이 있고, 늘 말썽만 부리는 버릇없는 후레자식, 이집 저집으로 말을 물어 나르는 입이 잰 여자와 틈만 있으면 우스갯소리로 사람들을 웃기는 익살꾼, 그리고 좀 모자란 반편(半偏)이나 몸이 부실한 장애인 등 5가지 유형이다. 이처럼 마을은 다양한 모습을 가진 공동체임을 알 수 있다.

전통 마을의 공간구조는 서장, 중장, 결장 등으로 나누어 볼 수 있다. 우선 서장은 골의 동구로부터 시작된다. 동구에는 경계 표시나 수호신으로 장승이나 짐대가 놓인다. 또는 바위에 의미를 담긴 글씨를 큼직하게 새겨 놓기도 한다. 마을 경관이 좋다는 의미나 마을 명이 새겨진 바위가 나타난다. 새로운 공간으로 진행함을 암시해 준다. 또 이곳에는 돌탑, 선돌, 돌 거북, 마을 숲, 당산나무 등이 있다(그림 21). 이곳은 사람들이 다니는

**사례: 노거수에 담긴 농경 이야기**

흔히 동구나무에서 가장 쉽게 들을 수 있는 이야기는 나뭇잎의 상태를 보고 풍흉을 예언한다는 것이다. 흔히 나무의 잎이 푸르고 넓게 피면 그해 풍년이 들고 반대로 잎의 모양이 좋지 않으면 흉년이 든다. 나무를 보고 풍흉을 점친다. 잎이 일시에 피면 모내기를 일시에 해 풍년이 들고 부분적으로 피면 모내기가 늦어져 흉년이 든다고 한다. 이와 같은 이야기에 대한 해석은 그해 땅의 수분 관계로 이해되고 있다. 이러한 내용의 이야기는 당산나무에서 가장 많이 접할 수 있다.

**그림 20. 전북 진안군 궁동 마을 동구나무**

통로로 외부 사람에 대한 감시 기능도 한다. 1970년대 새마을운동으로 낸 새마을 길을 조성하기 전에는 마을이 큰길가에서 보이지 않았다. 새마을 길보다 멀지만, 굽이굽이 길을 휘감아 돌아서 마을에 들어섰다. 이곳에서 마을을 보면 마을 전경이 펼쳐진다.

다음으로 중장에서는 마을이 보이고, 이곳에는 효자비, 열녀비와 같은 비각들이 세워지고 또 고목에 둘러싸인 오솔길, 돌담, 마을 공동 샘, 빨래터가 설치되고 마을이 중심 시설물인 모정이 나타난다. 중장은 마을 사람

그림 21. 전북 장수군 장척 마을의 마을 숲과 돌탑

들이 살아가는 공간이다. 당사자들의 애틋한 생애와는 상관없이 마을의 자부심으로 생각하는 효자비, 열녀비가 있고 마을 사람들의 생명수인 공동 샘, 마을의 대소사와 모든 정보가 소통되는 빨래터와 모정, 마을 주민들이 살아가는 가옥들이 있는 곳이다.

그리고 결장은 마을에서 가장 중심이 되는 가옥에서부터 마을이 끝나는 곳까지의 공간이다(그림 22). 마을 길은 중심 가옥에서 자연스럽게 굴곡을 이루어 마을 뒷산으로 이어져 마을 뒷산이라는 대자연에 흡수된다. 이처럼 마을은 자연의 품속에 자리하고 있다.

마을은 유기체다. 마을은 사람들이 흘러들어와 마을이 태어나고, 사람들이 빠져나가면서 죽음을 맞는 역사를 간직한 생명체이다. 보통 마을 숲은 양난 이후 마을이 형성되면서 마을 사람들이 조성한 것으로 보인다. 그래서 마을 숲의 역사는 길게는 500년, 짧게는 200~300년의 역사를 갖고 있다.

마을 숲은 마을의 수구(水口)막이 역할을 한다. 마을 숲은 풍수적으로

그림 22. 전북 무주군 왕정 마을 숲과 모정

비보 역할을 하여 마을을 풍수적으로 완벽한 땅으로 만들어 준다. 그리고 마을 숲은 바람을 막아 주는 방풍림, 홍수를 막아 주는 방제림 역할을 할 뿐만 아니라 농경지를 보호해 주는 역할까지도 담당한다. 이런 기능은 과거 농경사회에서 마을 사람들의 생존과 직결되는 문제이기 때문에 매우 절실한 문제였다. 마을 숲에는 다양한 마을신앙이 존재하며 마을 숲은 마을공동체를 유지하는 역할도 한다. 마을 숲에는 당산나무와 돌탑, 거북신앙 등 마을신앙 유물들도 있다. 이러한 마을신앙은 마을 숲을 오랫동안 보호, 보존하는 데 중요한 역할을 한다. 마을 숲의 토지가 공동 소유라는 점은 마을 숲을 오늘날까지 유지하고 보존하는 데 기여를 하였다.

마을 숲은 마을 역사와 함께하며 현대사의 굴곡진 역사를 지켜보았다. 특히 일제 강점기와 한국전쟁, 새마을운동 무렵에 마을 숲은 수난을 당했다. 일제 강점기에는 전쟁을 수행하기 위해 선박을 제조할 수 있는 마을 숲의 커다란 나무들이 베어졌다. 새마을운동 때에는 마을에 전기나 다리를 놓기 위하여 마을 숲 일부가 잘려져 나갔다. 이런 수난에도 요행이 살아남은 커다란 나무는 당산나무로 모셔지고 있다.

마을 숲은 다양한 관점에서 그 의미를 파악하고 있다. 먼저 마을 숲이 어느 위치에 조성되었는가를 보기 위한 풍수적 관점이 있다. 즉, 조상들은 터 잡고 살면서 터가 좋지 않다고 떠나는 것이 아니라 모둠 살이 공간을 명당화하기 위한 비보책(裨補策) 중의 하나로 마을 숲을 조성하였다. 그리고 기능적 관점이 있다. 마을 숲이 풍수해를 방지한다는 실제적인 기능과 수구막이의 신앙성, 신성성에서 볼 수 있는 상징적 기능으로 파악할 수 있다. 다음으로 문화적 관점에서는 마을 숲 내에 산재하는 역사, 문화적 유형물과 전통적 신앙체계를 파악해 볼 수 있다. 또한 사회적 관점에서는 마을 사람들이 바라보는 마을 숲의 의미와 소유관계 변천사들을 파악해 볼 수 있다. 마지막으로 생태적 관점에서는 마을 숲을 이루는 수종, 야생화, 조류, 곤충 등도 파악해 볼 수 있다. 이렇듯 마을 숲은 다양한 관점에서 여러 의미를 찾아볼 수 있는 전통적인 문화유산이다.

마을 숲은 마을 사람들과 밀접한 관련을 맺고 있다. 전통적으로 마을 숲은 당산 숲으로 인정되어 마을굿을 통하여 마을 사람들이 공동체를 이루는 장소이다. 여름에는 숲 그늘에서 더위를 이기고, 주민들이 모여 놀거나 친목을 도모하는 장소로 이용했다.

특히 마을 숲은 오늘날 생태적으로 미래의 자산으로 주목받고 있다. 오늘날 인간의 생존에 심각하게 영향을 주고 있는 지구온난화(탄소), 대기오염(미세먼지) 등에 대비를 위한 대안으로 준비된 생태자원이다. 농산어촌에 조성된 마을 숲의 다양한 기능이 이제 그 범위를 도시 공간까지 넓혀 생태적 삶을 누리게 할 대안으로 마을 숲이 중요하게 인식되고 있다(정명철 외, 2014).

# VI. 나오며

본 장에서는 숲의 문해력을 살펴보았다. 숲의 문해력은 숲의 정의, 숲의 가치, 숲 유지의 중요성을 이해하고 이를 바탕으로 숲을 보호하는 데 책무성을 실천하는 능력이다. 그리고 숲 문해력을 마을 숲을 대상으로 살펴보았다. 숲은 생태감수성을 고양하는 데 있어서 매우 중요한 기능을 수행한다. 숲을 통하여 마음의 평안을 얻을 수 있고, 숲과 함께 맑은 공기를 호흡할 수 있다. 숲의 푸르름을 보는 것만으로도 마음은 평온하다. 숲은 우리의 삶을 넉넉하게 해 주는 마력을 가지고 있다. 그런 숲은 인간에게만 좋은 것은 아니다. 숲은 생명을 품어 준다. 동물과 식물의 조화를 가져다 준다. 생물 다양성을 풍부하게 해 주어 생태계를 보호해 준다. 생태계는 지구가 닥친 기후 위기의 해법을 주기도 한다. 나무로 무성한 숲은 탄소 저장 등을 통하여 지구 생태계를 보호한다. 숲은 인간의 욕심으로 파괴되어 왔지만, 다시 생태 위기의 시대에 숲이 해답을 주고 있다. 우리 마을, 즉 우리의 삶터에서 쉽게 볼 수 있는 작은 마을 숲은 인간과 자연의 조화를 잘 보여 주고 있다. 함께 조화를 누리며 살아가는 것이 가장 지혜로운 삶임을 마을 동구 앞의 마을 숲이 묵묵히 말해 주고 있다. 지금 숲은 우리 인류의 살길을 제시해 주고 있다. 숲으로부터 우리 미래의 모습을 묻고 싶다. 그리고 숲속에서 인류의 오래된 미래를 생각해 본다.

### 참고문헌

김학범, 장동수, 1994, **마을 숲**, 열화당.

박재철, 이상훈, 2007, **진안의 마을 숲**, 진안 문화원.

박재철, 정경숙, 장혜화, 2003, 진안 하초 마을숲의 온도조절기능 분석, **농촌계획** 4, 한국농촌계획학회, 35~41.
박재철, 2018, 관리에 따른 마을 비보숲의 식생 변화 -진안 서촌 비보숲과 진안 원연장 비보숲을 사례로-, **농촌계획** 2, 한국농촌계획학회, 69~78.
송기숙, 2005, **마을, 그 아름다운 공화국**, 화남출판사.
이도원, 2004a, **전통마을 경관요소들의 생태적 의미**, 서울대학교출판부.
이도원 편, 2004b, **한국의 전통생태학**, ㈜사이언스북스.
이중환 저, 안대희, 이승용 외 역, 2018, **완역 정본 택리지**, 휴머니스트.
정명철 외, 2014, **생태문화의 보물창고 마을숲을 찾아가다**, 농촌진흥청 국립농업과학원.
조철기, 2020, **시민성의 공간과 지리교육**, 푸른길.
최원석, 2004, **한국의 풍수와 비보**, 민속원.
Wisconsin Center for Environmental Education and Wisconsin Department of Natural Resources, 2005, *Learning, Experiences, & Activities in Forestry*,
Oregon Forest Resources Institute, 2011, *The Oregon Forest Literacy Program*, Oregon Forest Resources Institute.
Oregon Forest Resources Institute, 2016, *Oregon Forest Literacy Plan*, Oregon Forest Resources Institute.
Sustainable Forestry Initiative, *Forest Literacy Framework*.

# 생태전환시대 생태시민성 교육

초판 3쇄 발행 2023년 5월 2일
지은이 이경한, 김병연, 조철기, 최영은, 김다원, 이상훈
펴낸이 김선기
펴낸곳 (주)푸른길
출판등록 1996년 4월 12일 제16-1292호
주소 (08377) 서울시 구로구 디지털로 33길 48 대륭포스트타워 7차 1008호
전화 02-523-2907, 6942-9570~2
팩스 02-523-2951
이메일 purungilbook@naver.com
홈페이지 www.purungil.co.kr

ISBN 978-89-6291-958-5 93980